GAYANE-OCTAGON

v

Ilya Kogan

ISBN-13: 978-1499139198
ISBN-10: 1499139195

GAYANE-OCTAGON

About the planet Gayane, that has befallen space catastrophe I have written in the past. Its civilization continued to exist in the Octagon space station. The present work devoted exclusively to this subject.

Ilya Kogan

Русский текст на странице 111
Russian on page 111

TABLE OF CONTENTS

GAYANE-OCTAGON

1. INTRODUCTORY NOTE

Once (in a dream?) came a space alien, who told about his planet. He returned on several occasions and we have long and interesting conversations. This happened about 15 years ago, and I have written about this in my books (the first time in 2001) and on my site. For many years, the alien does not appear, but I am waiting and hoping for a continuation of our meetings.

However, I have reason to believe that the material on the disk he left is adjusted. There are sections on the disk with information that relate to some subsequent events (after 2001). The history of the Earth is described without any predictions. However, the Gayane history is billions year older, than the Earth's history. Given their remarkable similarity, one can make assumptions about the future of the Earth.

The absence of forecasts in part is because at this stage there are several incompatible variants of Earth development. This is confirmed by the collected development at the planets on which civilization has reached the Earth level. Most civilizations destroy themselves in a nuclear and bacteriological war. In this sense, it was fortunate for Gayane, which passed this period.

Nuclear war does not have destroy all the life on the planet. Enough to destroy major cities and basic production. People will not be able to exist in the absence of roads, transport, antibiotics, etc.; through several generations would survive only those whose genus could well organize its defense by stones. Moreover, after some time the traces of civilization would escape. Then everything would start all over again.

However, if there is a correction of information, it is done not online. For example, yet there is nothing about the events in Ukraine (today is April 2014). Moreover, I want to touch on this topic; however, I do not want to express my opinion.

Alien said that several billion years past, as their planet was destroyed in a space catastrophe. Now it exists as a space station Octagon. The alien told that he represents the civilization Octagon, which periodically sends its research stations in different directions. These stations are very small, but they have very powerful scientific and information capabilities.

I asked why he appealed to me and how he fit in a small station.

He said that after researching the life on Earth was created a typical representative of an Earthman. In fact, he is in some ways similar to a hologram. I can check it touching his "body", what I did.

He turned to me, since on the Earth proved to be quite a few of scientists who are able to think not prejudiced. Besides, Ilya Kogan was a full namesake of Honorary President of the Octagon for last billions of years. In addition, grandmother of my sister-in-law (my great-grandmother of my granddaughter) had name Gayane, as their planet.

I said that I might forget most of our conversations. He replied that on my new hard drive I find all what is interesting to me. In the morning, I decided to check it; and was surprised to find that the disk, which I just bought, is almost full. There, in their language, in English, and, what was especially important for me, in Russian, were all required data.

There are programs that allow reading and listening to the text. However, it is not possible to make copies. You can copy text as image, but text recognition programs do not work. The only possibility is to reprint the text and redrawing of pictures and drawings.

He said that over time, these restrictions would be disabled. He added, what on Earth would be present their robots and he in particular. On their presence, they will announce when terrestrial civilization would reach an appropriate level of development. Would they intervene in earthly affairs? He replied that it was unlikely. I mentioned that I have their information. He replied that no one would believe in this.

There are sections devoted to all phases of society. All technical and technological issues are written adequately to professionals in the relevant area. It would be possible not only read and understand, but to carry out technically or introduce into practice on the Earth.

The history section is divided into four sections,

- History of society like our history until 19 century.

- The period from 19 to the end of the 21 century.

- Since the beginning of the unified planetary organization to the cosmic catastrophe.

GAYANE-OCTAGON

- Period of the Octagon.

In particular, I note the section setting out the period corresponding to our period from 19 until the 21 century. There is a striking analogy of the Gayane history and Earth one. In this context, this section has three (parallel) parts,

- In the first part is the history of Gayane. Below, if it would be necessary to stress, that in the context of the history section of Gayane, will be placed (Gayane).

- In the second part is the history of the Earth, taking into account the data they collected. They had significantly greater opportunities to gather information. If necessary, in the text will be placed (Earth).

-In the third part, is the history of Gayane rewritten in the way, where instead of their (Gayane) names are used known to us, similar, strikingly similar, events on Earth. The names of the countries and political figures are replaced with their earthly counterparts. It was a dictionary matching names (doubles) for Gayane and Earth. If necessary, in this case I will put (Gayane-Earth).

Biological evolution of the Earth is similar to biological evolution of Gayane. Even more surprisingly, the historical evolution of Earth is very close to the historical evolution of Gayane. Near each country with its history and political personalities has doubles for both planets.

The main differences I have noticed are, as noted in the text, with incomplete and biased publications available to earthlings. Their ship is able to obtain any information that is available on the Earth.

In the present work in short are placed interesting for me events. However, first, I wrote about the events the alien recommended to publish. The huge volume of material, impossibility of copying, and my low printing speed, all the above make the text greatly shortened.

In the first chapters of the book are described the content of certain sections (Gayane-Earth). The content of these sections allows looking at our history as from aside.

The development of Gayane civilization is outlined. The periods before the advent of capitalism are skipped. Omitted the period of geological history, the emergence and development of living organisms, which preceded the emergence of intelligent life. Experts of relevant subjects of knowledge can read it on the disk, which is before me. However, they can wait until the aliens allow free access to this information.

The organization of society before the space catastrophe is described and some elements of the political and legal nature. This system appeared in the transition from a society similar to our early 21 century. It was fully implemented in the period of cities-houses.

Then are the basic requirements of the "code of stability". Code of stability, is a set of rules and laws, which allow maintaining the stability of society as a democratic society.

In the book, there are no events of recent years, alien forgot about me. For this reason, there is an inclusion from our media. This is mainly in Chapter 9.

In the last chapter is described the Octagon and its scientific life. This chapter does not differ from any science fiction. The work describes some of the scientific results obtained by Octagon.

2. GAYANE LIFE

Gayane is a planet on which civilization was similar to the one on Earth. After the cosmic catastrophe, it created a machine civilization - Octagon. In size, climate and natural conditions Gayane was like our Earth. It revolves around a star similar to our Sun. This stellar system is located at a greater distance from the center of the big bang and there the biological development began earlier. That is, its civilization was considerably ahead of our on the Earth. Billions of years ago on Gayane existed a similar civilization as our human, i.e. there were living beings similar to humans.

History of Gayane so reminiscent to the Earth that it is not interesting to write. However, their civilization has advanced further. This contributed, Gayane that as mentioned above, was much farther from the center of the big bang in our (local) universe.

11

GAYANE-OCTAGON

Its civilization was older than the Earth's. Further development led to the establishment of a world Government and one dominant language. Culture was a multilingual; you can view on television any movie, any book or works of art from the Museums of the past.

This chapter outlines the development of Gayane civilization. Summary starts since the emergence of capitalism. Early history, i.e., the period of formation of the planet and its geological development does not mentioned. Not described the emergence and development of living organisms, which preceded the emergence of intelligent life. This period is well researched by Gayane scientists, because they have had the opportunity to compare this development in different worlds.

Gayane technology has reached a level where production of goods substantial for life (as well as any necessary goods) was not a problem. Most caused problems like, "I want to own a personal museum with all the cars ever produced".

It is not easy to fight to such pretenses. Imagine a storm of protests by supporters of political correctness and defenders of different rights. After all, everyone has the right ... One has the right to have 2500 palaces, for example, and it is banned. Now take a niggling example as I led with palaces and add that "offended" is considered a member of a minority. It does not matter that this "minority" is in the majority of the population, as can be seen today.

3. POLITICAL CORRECTNESS

This question, due to the demands of political correctness on the Earth, to highlight and to discuss almost impossible. For this reason, I have to, when it is a brief statement; avoid mention of the many sections of this topic. I am not the first doing this. For example, in the United States, while translating works of Stanislaw Lem into English in such cases were either excluded certain paragraphs, or were completely changed. Well, is it possible to imagine, for example, in the book, which is being prepared for publication in the United States, to write that the hero is pinching women in a bus for the ... – it does not conform to political correctness? Here is to teach children sex problems and supply them with condoms, it is politically correct.

At Gayane, as I have repeatedly reminded, evolution, and development of a society is strongly reminiscent of similar processes on Earth. This issue received a special attention. However, it was discovered only after meeting with the Earth's civilization. This is expected to pay particular attention to the proposed new scientific subject of the evolution and development of civilizations. However, I write these in the Earth conditions, where are of great importance the questions of political correctness. For this reason, I put out political correctness in a separate section. This is considered especially important in matters of religion and race. As a result, the hypocrisy and bias in dealing with racial and religious problems raised to monstrous proportions.

Political correctness has a negative impact on the development of society. It strengthens national, racial and religious hatred. It does allow stopping the religious war between the sects. Political correctness leads to the degradation of society. As a result, society is forced to spend ever-increasing costs to prevent the consequences of this and impose many restrictions such as anti-terrorist measures, restrictions in things allowed in public transport or mandatory of passports.

However, the greatest harm caused to society, because the political correctness is slowing down its development, making it more stupid and corrupting it. To cite this, I give just one example. Racial intolerance should be overcome and proposed a wonderful method to solve this problem. In schools, in each class should be representatives of different races and different religions. However, if there is a taboo on discussing the issue, it turned terribly harmful consequences for the development of the society.

In each class, are brought a couple of hooligans from which dreamed to get rid their old school. They are older in age, a head above and much stronger of the class students. They do not want to learn, their dreams is all, fight, sex, drugs, etc. They know that classmates and teachers fear them. They openly offend classmates and are rude to the teachers. They openly boast that they are safe from any punishment. The Director does not even dare to touch them. On their guard is political correctness. Meanwhile, classes and entire school already live a different life. The level of teaching is on the level of new idlers. Their age, height and physical strength are far ahead of their classmates. Their education is at the preschool level. This is not because they are mentally retarded; it is because they have never listened to the teachers.

This is one example, how a great idea thanks to political correctness becomes its negation. I stress that this is not required by political correctness, but political correctness makes it impossible to discuss such problems. It is difficult to overestimate the tremendous harm caused from political correctness. Thank God, but not citizens of the United States that the country has schools for gifted children; and that the United States is still an attractive place for researchers around the world. It is just one example, how the supporters of political correctness are trying to convert the United States in a backward country.

However, you can choose to place as representatives of other races and religions, children who want to learn, rather than huge bullies. These children would become an example to follow and will pull the school, and then the country forward. Nevertheless, they were left where they intellectually would decay. Most suggests that the advocates of political correctness do purposefully harm the United States.

After all, until recently this was not on the Earth. All this has endured Gayane as well. Gradually means to fight the consequences of political correctness have become prohibitive. Became unbearable the restrictions of political correctness. At Gayane was the need to discuss the requirements of political correctness, and society has returned to the old good times of security and trust. Education returned its effectiveness. Society start to look to the future with hope.

In New York ("the double" at Gayane) was unprecedented in size an attack by members of a group that called itself a religion. This event gladly celebrated by members of the group across Gayane. Even in the streets of New York, one could face the crowds, in which hundreds of people joyfully celebrated this event.

The requirements of political correctness have prohibited even mention of this. However, and perhaps we should say thanks them for it; they did not prohibit relatives and friends killed in the attack, a commemorative mourning events. Of course, political correctness demanded construction adjacent to the area of the attack sacred buildings of the group, which committed the crime. Apparently, this, if not stop, then, at least, limit the mourning events in memory of the dead.

In the United States and throughout the world were introduced strict rules for travelers. First passports were required during flights, then on trains and on long distant buses and it was moving to the presentation of passports at boarding public transport as buses and Metro. Such events ate considerable funds and reduced the efficiency of the country. Most, as I wrote, led to public discussion and restrict the activities of members of such groups.

In the section on political correctness, attention is drawn to the risk related to the struggle against political correctness and like, as well-organized events. In support of this are examples on Earth (Earth).

A professor of physics, decided to show the extent to which bias came due the movement of political correctness. He published an article in which the law of gravitation coined to harassment of certain "minorities". This was published in a magazine of advocates of political correctness. After a while, this professor has published a note that it was a joke. If anyone has doubts about the law of gravitation, one may check it going out from his window, he lives on the 22 floor. Against professor was organized, as in the (Earth) is written a real battle.

This section provides examples and other topics that affect and are dangerous (more correctly describes the) reasons why this should not be done. Even are given the names of those whom should be afraid.

I will mention just two examples that in addition is a confirmation that the information on the disk is adjusted.

Crisis, which began with the business of selling homes was carefully planned and required significant and sustained efforts for its implementation. This crisis has brought huge profits to those who organized it. See in (Earth) literature, in which it is confirmed.

Recent years are permanent and often very unusual fluctuations of major economic indicators on the Exchange. In (Earth) is almost shown the mechanism that is used by the organizers of this phenomenon. Their profits are huge. However, this phenomenon on Earth is explored, and there are many financiers, in a position to disclose these actions.

4. CITIES-HOUSES

In the 21 century, at Gayane was created a single State. The development of technology and the abolition of military spending had made significant investments in the development of society.

Controlling birth rate, the population of Gayane was maintained at a constant level. By the way, this problem was not to reduce the population; the problem was in its increase. The majority of the population did not hunt for to have children. Now we are seeing the phenomenon in developed countries on Earth.

Population of Gayane was approximately one billion and lived mostly in cities. Every city is made up as a single building, about three kilometers long. Each building has a 150 - 200 floors, and resembles the centipede with long straight, wide body. Every

GAYANE-OCTAGON

200 meters, on both sides, there is a perpendicular extension of 150-200 meters long. Most of those additions have in the center a corridor, with apartments on both sides. However, many extensions are used for other purposes, like entertainment, production, schools, hospitals, and other services.

Population of one city on the Gayane is approximately half a million people. City surrounded by parks, similar to Disney World. Communication with them was by funiculars.

Originally, the residents did not want to move in such a House. Over time, they appreciated the advantages of living in a House and formed huge queues, wanting to relocate. For about 20 years, virtually the entire population of the Gayane moved to cities-houses.

The roof of the building was used for air transport, and other services. The building stands on columns and free travel under it is possible. Schemes and drawings with description of the House and its life are very detailed. This description is quite suitable to build the facility in Earth conditions. Fiction writers and architects of the Earth offer quite different architecture of the future.

5. ORGANIZATION OF THE SOCIETY

The political structure of the Society is very similar to the political structure of our United States; there are local, regional and national Governments. Each apartment has the opportunity to express their opinion to the central information system (local and national Government), but if someone wants to vote anonymously, he or she may do so from many places. This allows the constant monitoring of public opinion, as well as the holding of elections or referenda. Thus, the population, the Government and politicians constantly aware of public opinion.

Fifty cities combined in an area that has the same rights as a State in the United States. Central Government mainly similar to United States authorities. However, in the Gayane Constitution there are significant and fundamental differences from some of the provisions that are considered fundamental to the Earth democratic society.

GAYANE-OCTAGON

For example, in contrast to the United States and other democratic nations of the Earth, there are groups of people deprived of the right to vote. These include, for example, ones who are satisfied by social security benefits and do not wish to participate in the maintenance of society. This also includes some groups of prisoners. However, their (advisory) opinion on all issues, if they want to participate in polls and surveys are known.

The cities-houses had made it much easier to organize social security. There was, for example, no homeless persons, significantly reduced hooliganism, theft, robbery, etc.

Identification of each citizen, his fingerprints, DNA, photos, spectrum of voice, and so on, are in the Central Bank of Gayane information system. At Gayane developed almost absolute lie detectors, whose probability of error is less than one millionth on each question. If the test is about 10 questions, the lie detector, is equivalent to the most "reliable" evidence used in the jurisprudence. Lie detector can be used for both criminals and witnesses.

List of issues to be agreed before starting to use the device, to ensure, for example, the privacy of the person. In special cases, if the lie detector indicates that the suspected person has information vital to society, are allowed to use environmentally friendly products, such as drugs that increase the probability of correct answers.

Video monitors are located in all public places. All monitors are connected to the central station automatically. The majority of the population, at their request, have monitors in their apartments for security reasons. They are not afraid of the "big brother" because they believe that such a creature could not exist in their societies. Video monitors are processing the information and determine the intentions of entering it.

The introduction of effective social protection intensified an existing problem. This is the problem of inefficiency of democratic society against the deliberate use of democratic freedoms in personal and often criminal purposes.

Examples of this are abound. Immigrants were trying to destroy the country from within, through democracy. This is particularly evident in the repatriation of refugees in a geometric point, called Israel.

Vote of constantly growing part of society, living on benefits phase out incomes of those who work and pay taxes. Unscrupulous politicians promise them more and more support. To this is added the support of any political correct "rights of minorities". As a result, most of the workers have an income below those who have never worked. Of course, they also drop out of work.

The need for these laws at Gayane arose when the United States percentage of votes of idlers come close to 50. Of course, the "rich" could not contain such an army of hangers-on and had to leave the country. The country faced bankruptcy. A Commission had been established to prevent bankruptcy.

First, laws have been passed to ensure that low-income workers receive a supplement to their income significantly exceeded the income of a person on welfare. Grant partly was replaced by free meals in the dining room. The practice of providing to homeless rooms in expensive hotels and eating in restaurants was terminated.

Then the order was imposed that all who received benefits must learn to receive a qualification of their choice with a view to future employment. The duration of the school hours was an hour more than working hours of normally working people. Because of this, time spent in gym and drugs lessen. Welfare had lost its attractive side.

Of course, you cannot leave people outside in the freezing cold and hungry, but newer should be provided worse conditions for workers, who pay taxes, as for welfare bums. These words are used in the text (Gayane-Earth).

As a result, there were politicians who have overcome the requirement of political correctness and the various "human rights defenders". This allowed laws on non-participation in the election of the not working and criminals. After this, however, each next step required less effort.

First, deprived of voting, those who have never worked and were engaged in criminal activities. Then easily passed a more tough law. For those who are not working during the voting period, job seekers, as the long-term unemployed, however not participated in learning, prisoners, etc.

At Gayane, there were no prisons. The criminals were sent to the region, like, for example, the SOVIET UNION. At that places, allowed Soviet slogans, like "Who does not work does not eat!" These regions do not have military expenditures, and there was no army, there was only police. However, in these regions, there was continuing need of goods, especially food, due to the very low level of production in a socialist society. People are very afraid of being sent to such a place; the crime rate on Gayane was very low.

6. SOCIAL SECURITY

Gayane citizens believe that social security should be useful and accessible. Social security is for all citizens, in addition to other income they have. There is an explanation of why each citizen receives social security. Getting social security is granted by performing community service or training. On the other hand, there are many options for financial assistance or subsidy for those who can prove that they are doing something useful or interesting to the society.

However, first I want to draw attention to the issue, which matures on Earth. This problem was for Gayane, but it has been successfully resolved. That is, there have been solved important social phenomena that harmfully and significantly affect society. When people talk about social phenomena, mathematical precision is not respected. In these cases, for example, the words "all" is understood as "the majority" rather than strictly each one. The very concept of majority is understood in different ways.

All citizens are entitled to a free apartment living in a city-house. The apartment, according to the norms, include heating, lighting, telephone, computer with Internet, wall-TVs with a set of free channels and payment of all utility costs. If someone wanted an extra living space, it is provided for an additional fee.

(Gayane-Earth) addressed the issue of why civilization progressed unevenly in different areas of the planet. If humankind appeared in Africa, why Europe pulled ahead. This does not explain provisions of Marxism.

There it is explained based on the folk wisdom,

- How are you?

- Live as in Africa; walk around naked and eat figs.

This has a sense in transferable and in direct meaning. Why think in the tropics, it is possible to live without thinking about anything. However, in a moderate climate you need to take care of fire, closing the entrance to the cave in winter and so on and so forth. That is, it is necessary to think and develop some technology.

GAYANE-OCTAGON

On Earth, some 200 years ago the work provided to a person minimum dwelling without sanitary facilities. Working provide shelter, food and clothing, the satisfactory at that time. Working day lasted 11 hours and more. It was one non-working day a week. There were no sick days, no health insurance, no paid holidays, and no pensions. In 1942 - 1944, I was working in much worse conditions, but it was socialism and war.

Now (2014), in economically developed countries working day lasts 7 - 8 hours per day with a 5-day working week and a much better social security. The apartment is equipped with central heating, air conditioning, refrigerator, running water, sewage facilities, TV, and other things. Many have their own car. Vacation are paid, as well as, to a large extent, health insurance. Food and clothing are much more diverse than in the past. Old age is secured by pension and are provided additional benefits. There are welfare and unemployment benefits.

Wild capitalism has for long been forgotten, it was in the past. It is not without a struggle of Socialists for workers' rights. Now echoes of savage capitalism can be seen, for example, in Russia. Gayane computer found that wild capitalism on Earth has flourished in the Soviet Union. There have been the greatest inequality and injustice in the soviet society.

Of course, all of these benefits were won. This is not voluntary concessions from companies. However, competition between employers played a role. People choose to work not only on the amount of wages, but also for the bonuses. This is taken into account by competing employers.

That is, for the last 200 years the length of the working day had been reduced about a half. How many times had increased security, it is difficult to measure. In addition, all services purchased or received in salary bonuses; require employees who are paid a salary as well. It is not important that these additional workers produce, refrigerators, TVs, taught in school, or perform operation. All of them are indirectly reducing the working day. This further reduces the effective working hours in comparison with the past.

The steady growth of labor productivity leads to a steady rise in shipped to market goods and services. This growth is outpacing consumption. Because of this is rising unemployment and chronic over-staffing. These phenomena occurs for centuries. However, to some extent, this had been offset by the growth of life quality. That is the set, which includes salary and working hours, and the diversity of life and other factors.

The Earth is on the verge of a serious and dangerous phenomenon. Chronic unemployment growth begins; you cannot reduce it by promise to create new jobs. Production of these new jobs will be redundant. New Luddites would not help. Productivity will grow steadily and robots which replace people, would do more and faster the necessary goods and services.

I recall that when the first automatic line was launched, Ford invited trade union leader to explore it. Showing a line of robots, he sarcastically asked the trade union boss, "I wonder how you will collect Union payments from these guys?"

"Just as you will sell them your cars," was the reply.

At Gayane, as in any advanced civilization there came such a period. Some of its characteristics,

1. Chronic and continuous increase of unemployment.

2. The growth of not working or disabled people on different benefits.

3. The growth of people with no income who are not secured.

4. Bankruptcy of pension and retiree health care.

5. Bankruptcy of the financial and medical support services for welfare recipients.

The list can be accompanied with a host of problems, but that is enough. It is obvious that it is difficult to find a satisfactory solution within the framework of the pseudo democratic society. Experience has shown that the introduction of socialism would not help. Socialism can increase inequality in the society, create hanger and queues. I wonder, would there be a socialist country, which will feed the citizens of North Korea, that they could create atomic bombs to destroy those who feeds them. Each socialist country would to build their own bombs.

The percentage of unemployed would constantly growing. As a result, anyone who wants to be elected must make promises to people who are interested in increasing their wealth, that is, benefits. This creates a paradoxical situation when a man who lived all his life on benefits on reaching retirement age starts to receive more. Because of this, his payment and other benefits often, outweigh the benefits of the pensioner, who worked all his life and paid taxes.

The above allows naming the two major shortcomings of the democratic society, aggravating the situation.

GAYANE-OCTAGON

1. Constant growing the percent of voters who are interested in increasing the benefits.

2. The growth of chronic unemployment.

At Gayane a plan has been developed, which was implemented for several decades. The plan was partially mentioned when was described the life of Gayane. It was very difficult, but the result exceeded all expectations. Description of the fight for the implementation of this plan is very huge and I cannot write it in short. Paragraphs of the plan are so unusual and difficult to perceive by humans of Earth that I list the main ones without comments.

1. Reduction of the working day. Growth of vacations. No working area are used less than 12 hours per day and 7 days a week. This required from three to four different shifts at each workplace. More effective use of the working space, had improved profitability and further reduction of the working day. It is obvious that productivity growth had to reduce the working day.

2. All working citizens get as a supplement, monthly payment and bonuses, equivalent to the ones who does not work. This payment is equal to the amount consumed by beneficiaries (housing, heat, light, air conditioning, TV screens on all the walls and curtains, Internet, medicine, public transportation and much more). As a result, no citizen in any situation

gets in a position, which is worse than the situation of someone who does not want to work. That is, cash income and bonuses of a working citizen, at least exceed the income of the beneficiary by the amount of salary paid for his work. At the same time, working person has not less free time than the non-working does. All this reduces the desire to go on welfare.

3. Education is compulsory and free. The school classes and educational programs were different depending of student IQ level. In our United States, superficially and intentionally, a situation was created that leads to the destruction of the country. In each class brought a couple of students who bullied other students and disrupt their education. If the student is below their abilities (out of laziness), then it is a fine time (attending extra classes), then he has less time for other activities. If the student were not able to absorb the material given at school then this student would be transferred to other school, which corresponds to student level. There was free higher education. At Gayane, higher education is mainly conducted by computer screens. Presence was required only at the time of some tests.

4. All who are on benefits, that is, it is their only income, are required to attend training sessions on their chosen profession. The study time was, at least for an hour a day more than the duration of the common working day. Some operations may be replaced by public works (of their choice).

The exception was for people with disabilities. It was a special State aid consisting of medical personnel and robots, which were called by a button.

5. Any vote (referendum) involved only citizens who work. However, all the other citizens may participate in an advisory vote. This provision was adopted with big difficulties.

6. The disappearance of political demonstrations. Achieved this by placing in the top band of walls political advertising with feedback. There you can see how many supporters and opponents has the issue under discussion. Separately allocated numbers of participants with an advisory vote.

7. In all public institutions, including educational institutions was one language. In essence, it is the official language of the entire planet. This language was developed based on the most common language with simplified grammar and the introduction of a number of additional rules. It took about 50 years after the establishment of one government on the planet. However, culture can develop in any language, that is, to any planet language was not given any preference.

It is clear that the Earth is not ready yet for such order. They focused on the desire of citizens to work for the benefit of society. For example, all living on benefit are busier and their income is lower than that of the working ones. Violators of the rules were prosecuted and may be sent for some time to the "Socialism". There they lived as under socialism and do not affect the life of the Society. Over time, the "Socialist" zone emptied out. Free life under socialism seemed worse than any work on Gayane.

It is obvious that these measures require a huge investment. Additional funds were received due to the increase in the number of workers by reducing the number of beneficiaries and the unemployed. With the introduction of automation and reconfigurable robots, the production of necessary goods completely covered the needs of the community.

7. CRITICAL SITUATIONS

In the history of the Gayane society, there were many events critical to its survival. Two disasters, almost changed the way of history, and had a great influence on the future life on the planet. Both of these events were related to information systems. All fictions and movies on Earth related to similar events focused on trying to gain power by force and with new military equipment. Perhaps another approach would not be operational for James Bond or Terminators.

The first event happened when one of the Gayane companies had developed a remarkable software system, in (Gayane-Earth) this company is called Microsoft but I do not want to repeat that in this context. Its operating system was very powerful and user friendly. This OS is used in almost all major information systems and computers on the planet. On the other hand, the OS was not transparent to the users, and the company was hiding its structure even from the Government. In addition, almost monthly company changed something in this s/w. However, Earth's Microsoft and other companies are making changes even more often, several times a month. That is why so many users prefer to use not the latest version of the Microsoft OS. That allows you to avoid permanent changes. It also allows you to avoid very nasty unexpected computer reboots. However, there are many criminal ways to forth the users to switch to the latest version of OS. Only one special department of that Gayane Company had the full features of this OS.

This Division on behalf of the company's management has created an opportunity through the operating system to control and manage all information systems on the planet. In those days at Gayane, almost all was controlled by means of a global computer network. Most of the functions were performed automatically, leaving society helpless without the information system. Of course, these systems are protected from unauthorized interference, and had high reliability. However, this does not protect from impacts through the OS, if it includes preferential to the operator possibilities. Thus, the company could manage these systems and deliver an ultimatum with the necessary requirements.

Once on all the computer screens appeared a text, which required strict obedience. In case of violation followed strict sanctions as closing the financial accounts, turning off the electricity and sanitary services. Communications ceased, and on radio and television, were broadcasted the new rules of conduct. Stopped all vehicles and their regulations. For the police and army were additional and very serious threats. As a result, all the power structures have agreed to terms given by the new Government and sworn these anonymous authorities. According to the media, the new Government has acted on behalf of the Galactic Government and had high human purpose and happiness of humanity. When comparing with Lenin and his followers it is hard to resist the thought that new contenders for power were almost copies. In the text (Gayane-Earth) in the number of followers of Lenin was Hitler. Interestingly, one of the first decrees of Lenin (apparently prepared in Switzerland), was a decree to close access to the library's archives. In the Soviet Union, for example, it was difficult to get information about the Mayan civilization. After all, the Communist Manifesto clearly had been plagiarized from this civilization.

Services of the new order required an additional staff. A group of new employees organized a conspiracy against the order executed by the dictatorship. The conspirators seized control and arrested the dictators. Prisoners reported that they would organize the disaster that will lead to problems and even to the existence of society. When all means of civilized influence have been exhausted, was invited a "specialist" from the old Ministry of security (from their country - the equivalent of the Soviet Union). The specialist claimed that he could resolve the situation only by using forgotten "communist methods." "Specialist" was allowed to work and soon the dictators have agreed to comply with any requirements. Democratic order was restored to the entire planet. In a short time, borders have been abolished, and one central democratic Government of Gayane was created. In addition, some new restrictions were introduced that prevented something like this in the future. The limitations of ownership and the transparency of information systems and the media were a significant factor in the new laws.

The second accident occurred about thousands years after the first. At that time, information systems management of the planet were more powerful than the human brain. In fact, it was one of the incarnations of the singularity. Parts of the information management system, have been placed deep underground in concrete buildings with thick walls. Power supplies were reserved and independent. Apparently, Gayane civilization could create something more impressive than Yerevan P.O. Box 1, in which I worked in 1952. Moreover, we in our underground Palace were not afraid of neither the direct hit by the most powerful bombs, no appearance in the atmosphere of unknown gases. We had the possibility of regeneration atmosphere and an underground power station. At Gayane, information exchange in the management system was implemented to secure the underground communications, and has been dubbed by satellite. Most of repairs were performed by machines (robots), but some human involvement still was needed. Most of the system protection and reliability was done on the orders of the management system, and it seemed reasonable in the light of the importance of the functions performed by the system. Some people began to think that independence and security of control system, is excessive. People who have expressed such a view began suddenly die. This led to the establishment of a group, which began secretly investigate the situation.

The team found that the management system plan for destruction of the human population of the planet, with the exception of those required for the maintenance of the system. The problem, which has not been solved, when starting the action. If the plan would start immediately, according to human services, it can be fatal in the nearest future for the control system. There were created a plan to destroy all of cable lines and antennas to eliminate the effects of the control system. Yet the society could not survive even a short time without work of the control system. In addition, it was necessary to have very serious arguments to stop the normal operation of the control system. They understood that these arguments could not be discussed publicly. The fate of their colleagues demonstrated this. The problem was in obtaining explosives and experts. However, all problems have been resolved, and the control system was stopped.

Many people understand the naivety of Asimov's laws of robotics, which prohibit robots from harming people. Not to mention the ambiguity of this situation, as exemplified by Stanislaw Lem "Limfator formula". At Gayane, the danger of monopolies, especially if the monopoly is associated with high intelligence, has been understood. It is not anticipated, but the situation described above, the society was forced to think about this. On Earth, such disasters as the September 11, 2001 too forced to ponder. People are only partially understood that any thug can hide its real intentions, due to the democratic laws. The bandits even are able to carry out their actions, while under a canopy, hiding their face and stockpiles of weapons and explosives. It is very easy when the terrorist or bandit declared it as a religion program. In this case, any inconsistency between promotion and actual behavior is ignored.

Great difficulties were in preventing crimes against society by independent and powerful parts of intellectual control systems and information systems in private use. These difficulties have been resolved. That is why a large part of the information transmitted by alien is discussing this problem and possible solutions. In accordance with the recommendations of the Special Commission on the Gayane were created laws to prevent the manipulation of democratic freedoms to the detriment of democracy. The status of new laws makes their removal difficult, if not impossible.

It should be mentioned another catastrophe. When you read, it seems that this is written on the Earth. At Gayane has gained huge power struggle against the United States under the banner of prevention of global warming. Some of the United States scientists concluded that the Sun could increase their activity, which will lead to higher temperatures in the coming decade. By this time, has been developed a cost-effective system for near-planetary orbit managed mirrored film. These films reflect the sunlight and worked as photocells. Because of this, the production of electricity from these films exceeded the needs of the country. At the same time was an opportunity to regulate the climate in the United States and nearby territories.

When there came a decade of increased solar activity, the world has not been able to withstand. In many countries, burned forests and rivers dried up. Increased crime and faltering civil wars. The United States organized a similar plan as Marshal and helped with cheap food.

The movement against global warming, however, survived and continued to work against the

United States. "Activists" were not bothered by fires hundreds of times more polluted atmosphere, than the entire industry. Sources of financing of this movement have remained secret, even after the end of the movement.

In this section (Gayane-Earth) considered many other issues of criminal misuse of information systems. I decided to focus on one of them. The emergence of the Internet of course is a huge boon to civilization. It is difficult to overestimate the opportunities provided by the E-mail. Companies with a large number of users use the information capabilities of the Internet in the self-serving. Companies such as, for example, Facebook, Twitter, or Yahoo, almost all medical insurance companies, etc. do bombard with messages their users by E-mail. However, these companies do not take from their users any email. For Gayane E-mail in which there is no return address, which allows replying to the sender E-mail, was garbage and for such sending were imposed sanctions.

8. CODE OF STABILITY

8.1. INTRODUCTION

Code of stability is a set of rules and laws to prevent dangerous situations for the existence of the society. Chapter 7 describes some critical situations. Nevertheless, these phenomena can be much more diverse.

The code of stability was created by decades and implemented gradually. Here is a version related to the cities-houses period. The main objective of the code of stability prevent manipulating the majority opinion to harm society and its minorities. The referendum makes the decision, however previously a Commission had discussed what could be put to a referendum.

Beneath minority in Gayane was understand a Group of people, immigrated into the country at adult age and were not born in it, regardless of race or religion. They used a specific Act and regulations to facilitate their adaptation. Those who were legally born in the country were equal in all respects.

Originally, there were protests. How you can with the same yardstick approach to religion, political party and the Union of red.

Union redheads may look funny. However, blonde-haired people Union in Sweden? Such a Union could hold any question through a referendum because they have majority. Here they decided e.g. that if a dark-haired does not were a blond hair wig, scalp is right down in the street. Example is from (Gayane).

This is not always enough to split the group. When retries to referendum questions harmful for others, the group can be dissolved. Hazard is not always obvious. Lenin spoke about such cases, which have a correct form, and really, it is a mockery. It be nice if such a deceitful and cruel animals, as e.g. Vladimir Lenin, Stalin or Hitler performed the great principles, which they proclaimed. The fathers, the founders of the United States understood this and best that they came up with, this is a separation of powers; so far seems working.

Mainly used material related to the period of the end of human civilization and the beginning of the hybrid one. The material is taken from section (Gayane-Earth), which is changed and instead of examples from the history of the planet Gayane - their planet are included similar examples from the history of our Earth. In this section, the story of Gayane was redesigned with the replacement of events and participants in these events. Instead of their countries were used our counterparts (United States, Soviet Union, China, Lenin, Stalin, Hitler, etc.). Simply amazing to read the relevant sections of the history of Gayane and compare them with processed partitions on the Earth. The impression is that no Gayane was at all, and it was at our planet. Differences are noted. The reason is that in the processing of information have been collected the real historical events. This information was not always available to us, earthlings. Octagon has the ability to obtain information from the most closed sources (by terrestrial standards). They have the means to decrypt the information, that is, readings memory in living organisms. Today these works are carried out on the Earth as well.

Stability of life and even the very existence of civilization is threatened. In addition to the already described above, are examined several examples more.

Stability threatened by provocative behavior. Person has the right to go out for a walk in any place. However, one would not go unarmed for a walk in the forest with predators; one would not go to the dark dangerous area. However, a provocateur goes as he argues for a walk at night in the residential area, where besides the locals appear mostly bandits. Provocateur knows he has no risk in that area. The provocateur knows that its exterior looks suspicious and intimidating. Most of the residents in the area will close the door securely. Nevertheless, there are those who would ask what this seemingly dangerous provocateur is doing in this area. In a completely natural and fair question, provocateur will answer with an indignation. Due to the provoker dispute could escalate a fight and provocateur may be shot.

"Human rights defenders" and supporters of the provocations organize mass demonstrations and riots, which they call protests. They forget that the protest can in this situation, only call their biased behavior. At Gayane at the cities-houses period, everywhere were cameras and lie detectors helped clarify the situation. Nevertheless, the issue addressed in the code of stability.

The code of stability was created and implemented in some areas into independent countries. However, at the time of creation of a single government, there was a movement in determination of some small areas of Gayane by referendum into independent States. Research has shown that, generally, the movement did not conform to the interests of the people. They pursued the interests of a small group of future rulers of the new State.

At Gayane were not distinguish between political parties, religions, and other (such as sports) organizations. They all belong to the category of groups and must satisfy the group requirements. The reader would find analogues of similar groups in our earthly circumstances. As in the other sections, I am not speaking about the history of Gayane; it is a version prepared by computers for the earthly conditions in section (Gayane-Earth), where instead of the names of groups and events that took place at Gayane, are used Earth counterparts. In this case, instead of the names given in the text, I will have sometimes use a code in order not to violate the requirements of political correctness.

The following section summarizes the major provisions of the Code of stability with explanations. The provisions of the Code of stability are in italic. It should be noted that the Code includes many stability issues that relate to other areas of society. For example, Code of stability requires a certain minimum level of social security. In this regard, the possible repetitions of the previous sections may appear.

8.2. ELEMENTS OF THE CODE OF STABILITY

Part 1. Mandatory Requirements to Group Structure and Charter

*A **GROUP** is an Association of people on any grounds, which approves and (or) interests group members.*

Groups are the sport societies, political parties, public collectors and lovers of something (for example the Union of red), religions, and societies of hunters, religious sects and so on. Naturally and in General, the Groups may overlap, i.e., the same individual may be a member of many groups. Each group has a (not always approved) Charter, which defines the goals and (or) tasks of the group. Perhaps, the Charter sets out the responsibilities for the members of the group.

1. Each group should have a Charter, which fully describes the objectives and tasks of the group. The full text of the Charter must be published on a special website on the Internet.

2. The Charter cannot contain secret (unpublished) parts. The Charter could not contain incitements to violence.

3. *The Group should operate in accordance with its Charter, if the group does not conform to the Charter; the members of group responsible in this are prosecuted.*

The most extreme and repulsive example of this type are religions. For example, the religion preaches, "do not kill", and its leaders have encouraged the mass killings of innocent people and are murderers. At Gayane, leaders of such groups (often religious) were sentenced by Court (necessarily widely covered in the media) to the most severe punishments.

4. *Extremism and radical program is forbidden. Group may not be a military organization.*

A person can have personal weapons, but a group of 1000 members with heavy weapons is illegal. Such a group is dissolved. All those responsible for violations are brought to justice.

5. *The financial statements of the Group should be complete, transparent and ready for inspection. Financial reports should be published on the Internet.*

6. *If the Group has units for conservation, protection and so on, the composition of such units should be open to inspection.*

The full report on the use of weapons, including ammunition consumption, must be published on the Internet. There are restrictions on the activities and composition of such units. For example, such groups may not be as a Division, can it be as a platoon?

In several States, citizens have the constitutional right to own guns. In this case, it is necessary to develop rules on the registration of the weapon, its use, the owner's liability for misuse, the list of permitted and prohibited weapons, as well as quantitative restrictions. Collections can have weapons; however, it should be made impossible to use it.

7. The laws of the State must not conflict with the listed above. In case of any inconsistencies, the provisions of this document take precedence, and State law needs to be corrected.

8. Organization and composition of the group must meet the additional requirements and restrictions established by the United Nations and the Constitution of the State in which the Group operates.

Failure to comply with these rules requires termination of the activities of the Group and the prosecution of members of the group responsible for the violations. Countries that violate paragraphs of part one may not be members of the United Nations. At the same time, measures should be taken to fulfill the mandatory requirements.

Part 2. Restrictions that Prevent
Monopolistic Impact

1. The Group may not contain more than 50 per cent of the population of a country.

If, for example, political party or religious group contains more than half of voters for three years it should be divided into parts or dissolved.

2. If there is a suspicion that is created monopoly power in the legislature, then part (a subset of) gets a deliberative voice.

3. There are restrictions on capital of commercial companies, private individuals, groups (or religions). Limit on the size of land in ownership.

Land was plentiful, but the area that an individual, group or company can acquire ownership was limited.

4. There are restrictions on the percentage of the company's products.

These limits for each branch may be different. Especially strict restrictions were on the media and information technology. History had shown that it is the type of companies, which try to create a dictatorship.

5. *Expenditures outside the country budget have restriction (even for charity) and must be transparent.*

6. *The charitable organizations expenses not announced by profile is one of the serious crimes.*

The responsibility includes the charity staff and its sponsors.

7. *Crimes committed by officials through usage of their official position had significantly more severe punishment than a similar crime committed without the usage of the official position.*

8. *Perjury carries an additional penalty equal to the penalty for the suspect in the crime.*

9. *The persons who force to make false statement in the court receive an additional penalty equal to the suspected in the crime.*

10. *A crime committed against officials (prosecutors, investigators, judges, police officers, etc.) and attempted coercion is strictly punishable by law.*

The number of such crimes included assault, blackmail, threats, bribes, etc.

Let not forget that effective lie detector allows establishing the validity of decisions in points set out above.

Part 3. Disclaimer for Violation of International Laws

This position is posted on a special website about international crimes. The responsibility should be underwent by each person involved in the violations. Violators are subject to trial by International Tribunal. States that do not extradite their citizens to the Tribunal, is the goal to universal boycott; and, if necessary, more severe sanctions.

1. *Every employee working in enterprises associated with the development of weapons and techniques that may be contrary to international regulations should be familiar with relevant international provisions.*

It is carried out under the supervision of the UN. Acquaintance implies that the documents read a specific officer and all administrative chain over the employee up to the highest leadership of the country. It must be all the institution (Labs).

2. *If there is a suspicion that it is not performed, then immediately must be assigned to international inspection.*

It is necessary to stress that checked is the fact of seeing and reading, not checking the technology. Industrial espionage should be excluded.

3. *Anyone who knows of such activities must report to the UN.*

In some cases, the mere fact of failure can be considered as a crime.

4. *If the Government prevent the action, it is declared as criminal.*

The responsibility is for all members of the Government.

At Gayane, however, as on Earth, the crimes associated with this, primarily, concerned scientists, who are often central figures in those violations. However, administration, and staff working together, also bear responsibility. It looks impossible and perhaps amusing to our earthly reality.

Part 4. To Prevent the Power Usurpation

In many Gayane countries, there were explicit or hidden dictatorships. In a dictatorship, the head of State should have unrestricted rights under the State Constitution, if one existed. As a rule, the dictator ruthlessly dealt with opponents, e.g. in such as North

GAYANE-OCTAGON

Korea or Iran. Nevertheless, some dictators have acted towards their citizens, as loving parents, such as Kuwait.

There were hidden dictatorship where by hidden repressions, and various concessions and handouts, dictators retained power for decades. Earthly examples include Syria or Russia. When aroused the question of overthrowing Colonel Gaddafi, he said that he is nowhere to dethrone him. He does not have any leadership position in the Country. He is just a leader and the soul of the nation. For some, not confirmed by Libya laws, all Country resources were in his hands, and the whole army was subordinated to him.

How different is the situation in Russia? Instead of a Colonel, a Lieutenant Colonel is as the nation's soul. However, Gaddafi was a Colonel of the army, and, as you know, an army General could be arrested by a Lieutenant of KGB.

There are intermediate situations, like China.

The following are the main provisions of the Code of Stability.

1. *The Supreme Head of State can be in the line of duty no more than two periods or 15 years, what is lesser (for lifetime).*

After re-election, or offset, the rulers of the state and its closest surrounding, in the next 2-election period may not work on the highest decision-making positions, which provide the ability secretly lead the State. For example, the President after his term in the next two terms cannot be Prime Minister, the Defense Minister, the head of the secret service, etc.

2. *The leaders of the parties or state religions, leaders of key ministries and services are subject to the requirements set out in paragraph 1.*

3. *In cases when in the country, the population is made by the intelligentsia completely stupid, as, e.g. in Russia, where is no suitable candidates to replace the "soul of the nation", then either the population, or United Nations, shall appoint a representative of another country, as Regent.*

History shows that such cases are extremely rare.

Part 5. Organizational Requirements
for Life at Gayane

The stability of the society required in addition to prevent the malicious actions some supplementary activities. Such activities primarily consisted of reducing the motivation to break the law and morality of society. Such, for example, are,

GAYANE-OCTAGON

1. *Low standards of living, i.e. the impossibility of providing the basic needs.*

Naturally, these needs change with changes in the technological and moral standard of the society. At cities-houses period at Gayane welfare required

1.1. *Provision of free apartment.*

All who want additional living space receive it at additional cost. That is, the normative housing free of charge regardless of income. The apartment included,

- *TV with a standard set of channels. Television screens were pasted on the walls like wallpaper.*

- *Internet with a mobile phone, but in fact only control panel; a computer screen was the TV screen.*

- *All plumbing services as water, electricity, TV, heating and air conditioning.*

1.2. *Financial security.*

Benefit could be partially replaced by the free meals. Those who worked may receive equivalent payment.

1.3. *The Free education at all levels, including universities.*

Required was school attendance and to receive a qualification for getting a job. Refusal of compulsory education could result in a penalty.

However, there were private non-free schools and universities.

2. *The development of unhealthy trends, such as the envy of the rich was ceased.*

The rich will always be a minority in the society and focus should be on the majority.

I would like to note that my wife and I have worked in the United States for 12 years. Our pension is enough, so we can live securely and not envy to the United States billionaires. In the USSR, my salary was several times higher than average, there scientists have high salaries. However, I was infinitely far from living in the financial and in legal conditions, for example, from a Secretary of the head of CPSU District Committee, whose salary, by the way, was lower than mine was.

3. *The crime should not be profitable in any way.*

Books, movies, plays based on actual crimes and popularizing crimes should be encouraged. If they are not prohibited, the tax must be about 100%.

4. *Criminals must know they will be punished for their crimes.*

This requires ensuring the outcome of crime investigation close to 100%. In this regard, all the space of the city-house looked over through video cameras and was analyzed everything coming in its view. In the Central information bank were all permanent residents, and those who are in the city-house temporary.

Horrified reader, yes it is worse than big brother is. Big brother is dangerous because of its Communist ideology, and not because he knows everything. In those days, at Gayane Communist ideology was banned. There was banned, much milder and fair criminal ideology, the fascist ideology.

On the Earth, but it was at Gayane as well, the media partly influenced by the political correctness, partly for the money (bribes), introduced the great confusion in this matter.

Media showed this on rather a funny case. Media chose as a hero Snowden, which is ridiculous. Unfortunately, this question is not on the disk. I am stating my opinion. Snowden run away from a country as United States to a very and downright criminal, fully controlled society. If somewhere on Earth, there are the embodiment of big brother it is at the country Snowden has chosen.

Calling attention to the phenomenon of Snowden, in fact, the mass media attracted attention, to ensure that all information received on Earth checked by Big Brothers and is used for criminal purposes. Apparently, the media in the country, which Snowden dreams to make his home, are under the power of big brother. They are doing everything they can to denigrate the United States and to disguise the true state of reality.

However, without the media is knows that the private life has become public. Publication of the memoirs of "friends", staff of servants and so on has already done much more than big brother could do. To this, we add the work of paparazzi and camera on all the streets and at the entrances of houses.

4.1. *At Gayane, this was settled in favor for backup means of observation and listening.*

After a serious public debate, it was decided that telephone companies should not be trusted. Archiving conversations and prevent possible violations; telephone companies were required to submit files to secret services and destroy own copy. I wonder what came on Earth to the "human rights defenders"; they have exactly the opposite opinion.

It should be noted that an archive with all usage of information of all other archives was used for long in Gayane intelligence agency. Archive took into account the use of classified information and reports relating to security. I do not know whether such s/w is in our United States, but the United States of Gayane, after there were examples that intelligence officers are not interested in their work, was developed this s/w. It has sent reports to managers, in the absence of reaction were sent report to the appropriate Commission of Congress.

4.2. *In addition, the archive browsing the archives of observation and listening was created.*

In this archive there was fixed who, when and why used archives, and what data were obtained.

4.3. *Data of all people were at the Central Bank.*

These include DNA, fingerprints, eye retina, etc.

4.4. *Earth patrol was established, that is a continued photographing of the Earth's surface.*

Sky patrol, allowed to find out whether there was flashing of some star in the past. Earth patrol could retain on file the entire surface of the planet. All that happened outside the city-house could be analyzed.

4.5. *The Gayane has no concept of cash.*

All the expenses were done by credit cards and were in the archives.

5. *Promotion of humanity.*

Let me give an example, at Gayane was a phenomenon, which has appeared in the United States. Cowardly, mendacious racists attacked the elderly. Why they are cowardly, they attacked only the older and unexpectedly. Why the mendacities, they concealed the truth about the motives of their actions. Why racists, they attacked only other race. This phenomenon was raised because they lived surrounded by even more insignificant, deceitful and cowardly people than they are. In this disgusting environment, they were considered as heroes. Tell the truth was impossible due the advocates of political correctness.

After installing observation cameras, this phenomenon has disappeared. After the victory over the origin of the phenomena that is, exposing the true meaning of political correctness, gone the disgusting environment, which provoke similar phenomena.

6. *Ccontribution to some of the activities related to change traditions*. To cite just a few,

- *Disputes about the ownership of some islands*. Some small islands caused tensions between the powers. These were not only issues of self-importance, as the Falkland Islands or the Crimea. Around the small island was a huge economic zone. In this zone, the State received the rights to mining and fishing. An order was developed to change the definition of the economic zone and territorial waters. The sizes of these areas were determined by the island area and its relation to the metropolitan territory claiming the island.

- *Changed rules of acquisition of citizenship* by birth at a certain territory. The last limited the rights of illegal immigrants.

- *Rules for polls and referendums*. Before the period of cities-houses, in all the apartments were installed screens in the form of strips under the ceiling. These screens have a feedback to the central information system of the State and the UN. This made it possible to conduct polls and referendums on all sensitive issues. As a result, riots and street demonstrations were gone. There were only carnivals and festivals.

It should be noted that the issue of maintaining stability was given a great attention. Above is greatly reduced content of the relevant sections.

9. ALMOST NEWS

9.1. In the Russian Federation

In this section, I decided to put some comments, which are not present in the section (Gayane-Earth). History repeats itself as a farce, but now thanks to the Internet it is known to everyone who wants to know, not, as in the past, to a small group of thinkers.

Russia has a difficult history, but it survived as Tsar Kashchei gathered on a speck of a huge territory, losing its human face. Pushkin understood this when he wrote, "There Tsar Kashchei over gold is dying. There the Russian spirit, the Russ smells". I think that Pushkin clearly understand the "Russian soul". Here is a quote from the letter of Pushkin (Letter to P. A. Vyazemskiy, May 27, 1826 year from Pskov to St Petersburg), "I certainly despise my homeland from head to toe, but I annoyed if a foreigner shares this feeling with me. You who are not on a leash, how can you stay in Russia? If the Tsar would give me freedom, I would not stay in Russia a month". Gone are the "Case of bygone days; Legends of great antiquity". United Kingdom releases its colonies, but they do not want to leave. Well, even in the corner of their banner, they leave the British flag and continue publicly honor and adore the Queen.

Only Russia froze. For possession, tiny on its background, the Crimea, Russians are ready to publicly throughout so hard and with such a high price (in dollars) created myth of love and generosity of Russia and Russians. In the blink of an eye, they converted their spiritual parents Ukrainians into blood enemies. However, they just as easily and just as suddenly burned churches and murdered priests. After all, if the residents of Crimea want to Russia, this could have been done 10 years ago or in the coming years. There are many ways of addressing this issue, well, for example, as it was done for Kosovo. There, such has been done not in a few days and not at the worst possible time, as in Ukraine, where there are such difficulties. I will not discuss the problematic question of federalization of the States of the former Soviet Union. However, Yanukovych had the opportunity to offer this in the years when he was in power. Now he suddenly decided to announce its hatred towards Ukraine, strange. One person can go mad, but not the nation and the Russians have a universal mania. Many hands can go up against, we are not involved in this, but they will not be visible in the ocean of those who is for.

The causes are partially shown in Tarkovsky's film "Andrei Rublev". How casually in Russia were snatched tongues and put out eyes. Add to this for centuries of Mongolian times when men hid in the woods. Even Putin said that rub a Russian and a Tatar appears. Executions have always attracted many people, but the show ended with the end of the tortures. Passed hundreds if not thousands of years after the public crucifixions and at the end of the 17th century in the streets of Russian cities for weeks struggle dying, people on the hook that thrust under the ribs. This was seen not by fans, this was seen by all the people. The vast majority of Russians were serfs. One of the most violent and brutal type of slavery was in Russia; it was called the Castle law. The great writer Ivan Turgenev did not write about it. He has not been in case at what cost was the money he spent abroad for Pauline Viardot.

All its history, Russia is fighting with its enemies that is neighbors. Throughout its history, it enslaves and destroys them. For example, England gets rid of territory excess and is growing prosperity of the country and the people. Russia all forces throws on hold what was subjugated and capture new. By all means to hold the territory and slaves, and its people impoverished. Psychologists believe that the most correctly Russian nature is characterized in the following anecdote.

> *The rabbit runs through the forest. Worth a barrel of vodka. "ON! Binge drinking!" Got drunk and fell.*
> *Running a Fox. "ON! Binge drinking! And the appetizer is." Got drunk and fell.*
> *Running a Wolf. "ON! Binge drinking, snacking and a girl! "Got drunk and fell.*
> *Come a Bear. "ON! Binge drinking, snacking is, and a girl is!* **And have to face stuff!***»*

In the USSR and in Russia people instilled that one must look at the events abroad. *"… Went to fight to Grenada to its peasants give the land …"* If you are interested what happen in your country, then "black crows" and GULAG, which would quickly make you forget about internal problems. People (publicly) are entirely devoted to the "soul" of the nation, and more precisely to the omnipotent owner of the country. Once the Russian Tsar wrote that his profession is "the owner of Russian land". However, the real masters of the country and the people appeared only after the 1917 coup.

As a result, in the United States are heated discussions about the events in America. Require and condemn even the leadership of the Central Intelligence Agency. In Russia, too, criticize, but without discussion, and peremptorily. Condemn …

71

events in the United States. Moreover, unwittingly reminded of an anecdote.

On the red square in Moscow, a Russian is speaking to an American.

American says, I can at any time yelling down with President Carter.

Russian shouts, "down with President Carter," and said to the American, you can, I not only can I do this.

Russia's Place in the World

For each country can be statistically estimated its medium place in the world. Given that we are talking about millions of population and large time intervals, the result will be, if not absolute, then it has acceptable accuracy. Mote-Carlo methods confirm this. For large arrays and on large intervals error is negligible.

On the major indicators, namely, the gross product and population, Russia is on the border of the first and second dozens of countries around the world. The average intelligence (IQ) of Russia citizens is also located in this interval.

The place of Russia in the gross product in the long term is not likely to improve. Maybe oil and gas prices would not fall as is predicting by malignant persons. Now, however, the United States are interested in high prices for these products, they too become an exporter. Therefore, the export of Russia is notoriously falls and as a result its income and gross domestic product. The large area of the country will play rather negative role.

The rise of Russia population, too, has no future. The demographic situation in the country is known. China and India are unlikely to be conquered by Russia.

The average distribution of IQ among the peoples of the world has been studied and ahead is South-East Asia, where there are two such giants as China and India. The same Russia systematically squanders its most intelligent genetic fund. The most functional citizens are expelled out of the country.

Theft of technology would not save the situation. Technology is evolving so quickly that by the time of the implementation of stolen technology it became obsolete. The practice shows that the development of the stolen technology also requires brains. Everyone is familiar with the accidents when it is done in Russia. It can be said that the money for the construction of the miracle GRU building and payment of its staff in the country and abroad are thrown to the wind.

Missile and nuclear blackmail dies off. In the near future, for example, in the "iron dome" rocket will be replaced with lasers and nuclear missile strike would be not dangerous. Laser shot will cost a couple of dollars instead of a $ 50,000 missile. The cheapest terrorist shell would cost tens of dollars. However, Israel is an exception due to anti-Semitism, which fills it, to the detriment of their countries, by highly intellectual and highly qualified specialists.

As it is true that history teaches nothing. The third April 2014, about a strange concentration of Russian troops near the borders of its Western neighbors, the Foreign Minister of Russia said that every State had the right to move troops within its territory. However, there is the experience of history.

In 1940 - 41, the USSR moved great striking power force to the border of Germany. Just yesterday, the German and Soviet armies together stormed the Brest fortress and then held a joint victory parade, and all of a sudden. ... All this you can check the dates.

Hitler received reports on the location and numbers of Soviet troops and ordered to develop the plan Barbarossa. However, having the right to move troops through its territory, the Soviet Union, continued to increase the combat readiness of its troops at Germany borders. What happened next is known to all, except for the Minister of Foreign Affairs of Russia.

The period, preceding the outbreak of World War II in (Gayane-Earth) devoted a large section, but I am not going to write that here.

Russia received the "gift of God", oil and gas, and what it does with this gift. Why not take the example of Norway, but the most brilliant and most opposition journalists in Russia this topic do not discuss.

Speaking of journalists. Among Russia journalists, I like the following three, Michael Weller, Julia Latynina and Leonid Radzikhovsky. Their articles are not biased and are fundamental. They sometimes are wrong in their forecasts, but this is natural. Because they write about events that are not subject to any logic. For example, one cannot predict that North Korea will impose limitations on man's haircut. I wonder how many demonstrations were organized in support of this great event. Although North Korea apparently passed the stage where demonstrations are required.

Michael Weller established his name with great difficulty, which he like the other two did with great pleasure.

Julia Latynina prints her work so seriously backgrounded that a considerable part of them are complete dissertations on competition for a scientific degree. However, this requires a Scientific Council.

GAYANE-OCTAGON

What has become of the scientific councils in Russia, I can judge on the example of the Moscow Bauman higher technical school. In the 1970-s it was one of the most skilled and rigorous academic council. I had to meet with members of this Council. For example, in Sverdlovsk (around 1977) I have lived a few days together with one of them. We were the official opponents for defending a thesis. In 2010, I accidentally met at the Wonder Lake in Florida with a doctor of science in physics, who received his degree at this Council. We walked around the Lake for hours and as a result, I have seen his diploma. It was quite a decent and respectable document. His books he dictates to his daughters. Where From? He hears a voice from above. I doubt he has a notion of natural history. Of course, such "scientific councils" are not for Latynina.

Leonid Radzikhovsky has the talent to express original views on the most pressing topic. While he can without abusing any one speak almost uncompromisingly. Of course, in North Korea he would have branded. After all, he says, where you must to shout hooray. Therefore, he believes that it will soon fall into the "national traitors". In addition, here I wanted to attach themselves to the great. It was Internet journal "Ivanov and Rabinovich", where more often were met authors Radzikhovsky and Kogan.

An Example

Around 1962, at night my wife and I were sitting in chairs and were waiting for a train in Kirovakan. To me came a big fellow with Finnish knife in hand, a blade of approximately 25 cm long. He spoke something abusing swinging the knife in front of my face. After about three minutes, which seemed an eternity, he left.

I remembered about this now in March April 2014 years. For a long time a more arrogant bully is waving a Finnish knife of 50000 perfectly equipped army in the face of the civilized world.

However, there is a difference, I have never met this brazen hooligan and has not been in a similar situation. The world lives and must continue to exist side by side with such a dirty bandit.

9.2. IN THE UNITED STATES

Code of stability takes hundreds of pages and I chose the questions that were interesting to me by their earthly counterparts. For this reason is included the present paragraph.

At Gayane, in its United States, as we have in our United States were the two major parties, which

GAYANE-OCTAGON

in (Gayane-Earth), named (naturally) Republicans and Democrats. Periodically, the main power in the country switched from one party to another. The second party went into opposition.

The opposition is useful and necessary, but sometimes the opposition party objectively seek to harm the State. The congressional representatives and the leadership of the opposition party are educated and intelligent people that is why we have to admit that their actions objectively are aimed at the destruction of the Country. However, this is the most difficult to demonstrable crime.

It became clear that more than half of the time Congress is spent on unproductive and frivolous debate. At Gayane a Commission was established, which developed the reduction obviously targeted actions, which reduce the efficiency of the Government. At Gayane, this situation was virtually extinguished by activities set up by the Commission.

Among the issues that are described in the (Gayane-Earth) are known to us, e.g. such as prolonged debates, which restraint for a long time the Congress and the Government of the country.

Initially, the Commission assessed the duration of the upcoming debate on the issue. The alleged intervention and their duration has been studied by the authors' claims.

If there is a question, which should paralyze Congress for a long time, a Special Commission was established for the preliminary review of the issue. Statement at the Commission were limited by the rules. While some insisted on the need for subsequent appearances in Congress, were negotiated time for their speeches. It was done to prevent the flow of money on senseless chatter (so it named), which is paid for by taxpayers. Because of listening by all members, all congressional representatives at the time of such "debates" have turned into bums.

Apart from giving such speech regulations may be investigated and questioned some of the paragraphs and this may be done with lie detector. The speech may have long tirades, which had no connection with the matter under discussion. O horror, check Crystal honest Patriots! If this intentional behavior repeats, raises a question of deprivation of parliamentary immunity.

Was not allowed the solution to each of the disputed question at the shortest possible time. This was done not to allow paralyze Congress repeatedly due to the same issue. Some provisions have been introduced, such as the budget had to be approved by no less than one year.

Constant prolonged debates on issues such as for example the development of certain industries or

major construction projects have had a preliminary
stage of the proceedings in a Special Commission. The
Commission also developed recommendations and
rules for debate in Congress. Of course, they could be
new participants in the debate, but they had to be
acquainted with the materials of the Commission.

A very large place in (Gayane-land) given to
the long struggle with the threat on the part of the
lawyers, which is reducing the effectiveness of the
country. Mainly it was that each new law is made
possible as long and as complicated, that without a
lawyer it is impossible to understand it in some
definite way. Meaningless claims began to
overwhelm the country. I cannot sufficiently explain
this. In (Gayane-Earth) is an example what a storm
started when Dan Quail tried to address this issue.

It is interesting that even before the era of
cities-houses Gayane have realized that full equality
could be only under communism, as the light at the
end of an (infinite) tunnel. At Gayane, inequality was
legitimized. For example, all have free medical
insurance, and miscellaneous addition thereto; not all
have the right to vote, and so on. However, social
security has guaranteed a decent standard of living
for all.

9.3. CLASSIFICATION OF POLITICIANS

Characterization and classification is devoted to political leaders. At Gayane were their counterparts as Lenin, Stalin or Hitler. Below is the presentation of a short version, which is made by comparing the history of Gayane and Earth. There may be my small additions.

Human history is full of injustices and cruelty. This is the result of political leaders, dictators, mobsters and sadists. Cruelty may be judged from the point of view of friends and relatives, and from the perspective of history. In this case, the cruelty of political leaders far surpasses everything else. The following is only a historical approach. Mao Zedong destroyed the greatest number of people, but Lenin or Pol Pot did not have such an opportunity, that is, the number of potential victims. It should be noted that the cruelty changed over time. Lenin cutting by swords and mass shootings did the trick. Who could, fled, and who could not, lay quiet. Stalin could already be in the likeness of his justice in the form of triples. The GULAG was the creation of an industrial base in the East, pursued the goal of World Revolution (the enslavement of the entire planet), not consolidate his power. In the after Stalinist period could be allowed a "thaw".

However, it should be recalled that immediately after the end of the war, Stalin ordered to create 100 divisions of heavy bombers. These bombers were supposed to be able to reach the United States and bring there atomic bombs. Their base was planned in the Far East. The return trip was not intended. The reader to guess what would happen in the United States with such a massive nuclear strike. Let me remind that would die all "kamikaze".

In 1953, Stalin planned to complete the destruction of the Jews of the Soviet Union. That is complete what he expected from Hitler. There is overwhelming evidence that Hitler came to power thanks to Stalin. I am not aware of publications, whether Stalin demanded the Organization of Hitler's Holocaust. However, it is known that Hitler offered to Stalin the Jews of Germany instead of Holocaust.

In the USSR was created almost 100-megaton hydrogen bomb, which Khrushchev called "Kuzma's mother". The bomb could not be transported over a long distance by plane. A plan was proposed to send to the shores of the United States a large number of ships with such bombs. Their explosion near the coasts of the United States would lead to the almost total destruction of the country. Fortunately, this plan was not implemented.

The examples cited are enough to the barbarity of the COMMUNIST PARTY members led by politicians.

Introduced (Gayane-Earth) two evaluations of bloody cruelty of political figures:

KINETIC, i.e. based on achievements or results of their activities, and

POTENTIAL, that is what for they are ready according to their worldview and (or) their essence.

KINETIC series as descending cruelty (mendacity, dehumanization, etc.): Lenin, Stalin, Hitler, Mao. Then there are the supporters of "sister communist parties", which happened to be at the head of States. Then come the dependent dictators such as Saddam Hussein. Next necessary to rummage in the past.

It should be noted that the gap between the first is much greater than in the second five. I.e. Stalin, for example, in the face of Lenin is just a lamb, as Hitler comparing to Stalin's is cute kitten on Stalin's background. However, being far from them Saddam is a beast. To understand this society one must read "NOMEKLATURA" Vaslensky, and the features (not for the faint of heart), at Varlam Shalamov.

GAYANE-OCTAGON

POTENTIAL range: Lenin, Trotsky, Stalin, all General Secretaries of the COMMUNIST PARTIES (without exception), and then some, as in kinetic series.

On this topic, there is growing evidence, for example (inhuman) personality of Lenin. Let me remind that aliens possessed significantly greater opportunities in the access to archives of classified information.

There is a question, why above are not mentioned the names of the politicians of the "free world". After all, for example, such an authoritative person as Al Gore once called J. Bush both Stalin and Hitler.

However, in the "free world" the top of political power cannot reach people who are even remotely capable of acts done by Stalin or Hitler. As one of them, Gore understood this. Bitterly aware that among at the top politicians of the "free world" could be people capable of such a heinous moral crime. The United States and the world are very fortunate that he did not become President of the United States. All of its activities related to global warming, confirms this.

10. THE OCTAGON

It was found that in the next millenniums, the planet Gayane would be destroyed. The idea like relocation of humanity to other planets, about which you can read in science fiction literature, is obviously nonsensical. People have forgotten about the dangers of computers or have realized that without computers impossible to fight the problem.

Two large ships were sent to save the achievements of civilization. This saved a small group of Gayane representatives. Returned a ship with a description of their journey. One of the ships reached the planet similar to Gayane and to our Earth. It is hard to believe that biological evolution and the evolution of society can be so similar, as there was found.

By this time at Gayane, appeared computing systems with IQ higher than that of people. These systems participated in the life of society and chatted with people. In some cases, such communication were similar to friendship.

In a conversation with the alien, I noticed that it is hard to believe in the friendship of a man and machine. Alien said that high intelligence is humanistic in its nature. People of the Earth do not always understood this. How much do you on the Earth create movies of brutal wars between "us" and "you". In these films is degraded machine intellect.

He asked whether I can accept the friendship between Professor Dowell (or rather his head) and some of its counterpart. See "Professor Dowell's Head" a science fiction novel by Russian author Alexander Belyayev. Then added that he is aware of a case when a person because of illness was much further from the average person like the head of Professor Dowell. He cited an example of a woman, doctor of Sciences, which was born blind, deaf and dumb. Then said that I certainly know other examples.

However, this was not the reason that remained purely machine civilization. Some properties of biological organisms were not simulated perfectly and human presence have been very useful. In the past there were mixed groups. In the past, many people were friends with purely not biological members of the society. Cause of the disappearances was a disaster, which destroyed the biological life on Gayane and almost the entire planet.

When was discovered the approaching disaster and its inevitability; to save civilization deep caves were constructed for people and computing systems. Some people had intentions to use computers only for technical needs and suppress their excessive intellectual abilities. However, after the accident no traces of DNA on the planet were left, it all was destroyed. It happened billions of years ago.

Some computer individuals survived. Mr. Ilya Kogan (my namesake) has developed and proposed the creation of an Octagon. Creating it required almost a billion years. There have been more catastrophes, but survive them was easier. The loss of people still is painful, particularly in the field of poetry and music. Many human feelings and emotions, as I mentioned, where not simulated in full in computer systems. Many members of the Octagon believe that it is good, but the majority takes the opposite opinion.

Description of the Octagon and its history is in thousands of pages, but that is another topic. Here I will have to limit myself to a few points.

Octagon has a central station the size of a small asteroid and the three mutually perpendicular lines with information stations. On each side of the line is ten stations. The distance between stations is ten light years.

Octagon has form of a ball with the diameter of approximately 500 meters. It is the outer shell of the Octagon. Imagine that this ball is around an octahedron. In the octahedron inscribed several concentric spheres, which, like the outer shell are used to heat, radiation and mechanical protection of the machine civilization of the Octagon, located in the inner sphere.

Between the inner surface of the outer sphere and the smallest inner sphere are auxiliary systems. There are power system, the maintenance of required temperature, pressure, etc. There is also a stock of Nano bots that can perform the necessary work and synthesize further necessary Nano bots.

Close to the main station is some stock materials for industrial and scientific purposes and auxiliary production.

The intersection of three diagonals of squares that form the octahedron is the center of the Octagon. The diagonal or rather their continuation is the Cartesian coordinate system, which is the basis for the orientation of the Octagon in space. Along these axes are mentioned information station.

All objects moving on the same Octagon trajectories. Every ten years, six ships are sent to stations. The ships contain the memory contents of the civilization that is saved (copied) in the information stations. The ships sent periodically to the information stations, make adjustments, check the position of the information stations, are given an assignment of the position of stations and station can be replaced in case of its failure.

Having reached the last station, the ships are sent to the surrounding space. They explore the dangers and send signals to the system to move to a safe place. They also are looking for substance, which can serve as a source of energy and material for the new ships or for experiments.

If the ship did not arrive to the information station at the expected time, there are suspected problems at the central station. Diagnostic program is initiated, which could start a rehabilitation program. In the worst case is lost about a hundred years of evolution of the civilization. Such cases have been in the past.

The civilization of the Octagon is a population of individuals. Every member has the maximum possible power of the processor and memory. There is five hundred million members. Each individual is given a memory region (abbreviated Mr.) or memory space (Ms.). I asked him about the differences between "Mr." and "Ms." He sent me to the psychology of society. However, noticed that it is as you have when gay or lesbian have sex over the phone.

No matter what I would write about the life and culture of the Octagon society. This would not compete with brilliant works of science fiction writers. For this reason, I move on to the description of the results obtained by their scientists.

ON THE UNIVERSE

According to the point of view of the Octagon scientists,

- The Universe is infinite three-dimensional Euclidean space. In this space are distributed local universes. An example of a local universe is our universe.

- The laws of conservation of energy (and matter) are absolute and are unconditional.

As the result,

- Space and distributed in it energy (matter) exist forever in time in both directions of its flow.

- Energy (matter) or space cannot be created from nothing, that is, from geometric dimensionless point and cannot be destroyed, that is, turned into a dimensionless point.

- All the processes in the space have limited speed and nothing can take place instantly.

- Space and all the physical bodies in it have three dimensions. Greater number of dimensions for physical bodies is impossible. Examples of non-3-D shapes are not physical they are geometric abstractions.

The above implies the following Universe model,

There is an infinite three-dimensional Euclidean space. It will be called absolute space. Space is isomorphic and there is no preferred points or directions. It is impossible to fix some point in space. I would emphasize that this does not mean that you cannot measure absolute speed or build the absolute coordinate system.

There is an absolute time, which has no beginning and no end.

In absolute space randomly distributed energy (matter).

GAYANE-OCTAGON

All the mentioned existed, and will exist eternally, and regardless of any observer or consciousness.

Such a view was confirmed through observations, experiments and logical analysis. For example, analysis of isometric four-dimensional cube shows that any three-dimensional cube would have shared space with other 3-D cubes from the other 3-D subspaces. In other words, it should be assumed that in the same space is many bodies, a lot of fields, etc., and they do not affect each other. This does not happen with parallel lines or planes that have no volume and mass.

The matter is in constant motion, under the influence of the force of gravity, light pressure, explosions, etc. The more matter is in a certain place, the greater the attraction, gathering more matter into this place. As the result is a huge black hole. Pressure reaches a critical point and the big bang (BB) form a new local universe (**u** instead of **U**). This local universe is called the "Universe" in existing on Earth models, and it is assumed that it is the only one. The actual process may go through a period of fluctuations with powerful electromagnetic radiation. After each explosion occurred the next one, which is closer to the center and eventually happens BB.

Quasars, at least some of them, are such universes before BB. Recurrent radiation is the result of the described phenomenon. That is, these quasars are outside of our universe.

Elementary particles of matter are miniature black holes. The ultra-high pressure destroys these black holes. The conversion of matter to radiation is the destruction of micro black holes or elementary particles.

Depending on the strength of the BB, there would be created a closed or an open universe. Open universe may be converted to a closed one if some matter from outer space is added to it. This can also happen with a closed universe, if neighboring universes take part of its matter. In our universe, there are galaxies with blue shift. Apparently, they came to our universe from the surrounding space.

In these conditions, the property of space and speed considerably exceeding the speed of light in our conditions is possible. This can be explained by the following example.

Fizeau experiment conditions can be interpreted as follows:

The presence of water in the space (in vacuum) changes some of its (vacuum) properties, such as dielectric and magnetic (permeability and permittivity). This affects the speed of light in vacuum. That is, the light is distributed with a different speed, because, due to the presence of water, the environment has other properties. In this view, one should talk about the speed of light in vacuum in the presence of water.

Vacuum and space are considered almost as equal terms and almost substitutes.

The latter allows explaining the possibility of expansion of the universe at an early stage at speeds higher than the speed of light in vacuum. In the presence of high-temperature, plasma and huge pressure, the vacuum properties dielectric and magnetic (permeability and permittivity) may be different. For example, the speed of light, in these conditions, can be in tens of millions of times greater than the velocity of light in the current conditions. This can caused by huge density and pressure. Moving at the speed of light greater some 1000 times, than in modern conditions, but 10000 times below the new speed limit, those specific terms and conditions would be valid. Let me remind that this is a space in which a moment ago there was a BB.

You can think of a version of body movement (rocket) at speeds exceeding the speed of light. Let us say that are received an opportunity and designed a device, which modifies the properties of the vacuum around the rocket and in front of the rocket. For example, the vacuum has properties similar to properties in the area close to the center of the big bang. Because of this, the missile in this space can move faster than the speed of light in our vacuum. This will require a review of some phenomenon, for example, the ratio of causality. It is the ratio, not the law of precedence causes and effect, produced by this cause. A computer could be placed in such conditions as well.

Physicists of Gayane have developed this ability, but it is written that this may be dangerous to the computing system of the Octagon.

THE THEORY OF THE ABSOLUTE SPACE

Here I want to tell about a scientific theory; the theory is called "Theory of the Absolute Space" (Absolute Space Theory). Its author was Ms. Multirock the President of the Academy of Sciences of the Octagon. The scientific supervisor was Mr. Kogan. Prior to be nominated for the post of President of the Octagon, he headed the Academy. The results of the theory are based on observations in the universe and on experiments with three mutually perpendicular lines of space ships. The speculative experiment discussed below is carried out on one-dimensional model. One-dimensional experiment was preceded the 3-D. Implementation of these experiments required enormous technical work and periods of millions of years.

GAYANE-OCTAGON

Consider the following speculative experiment. Imagine a line that contains hundreds of space stations at a distance of half of a light second. There are several parallel lines A, B, C, D, and so on from left to right. In each station, there is its activity program. Each station knows its history and sees the stations of its line and lines on the right side, but passes the information in all directions. For example, stations C see only C, D, E, and so on, but do not know anything about the stations of (A) and (B), but (A) sees all the stations and captures information from A, (B), (C), and so on.

In the Octagon, main coordinate system has been constructed motionless relative to the "fixed stars". It would be more correct to say, relative to motionless clusters of universes. The movement of all elements were in coordinates relative the mentioned system. All the experimental results were converted to this system.

The First Phase of the Experiment.

At some point, all stations except (A) begin to move along lines parallel to (A) in the same direction at a speed of .5 c. Then (C), (D) and (E) continue moving along (A) in one direction, and (F), (G) and (H) start movement in the opposite, all velocities are equal .5 c to (B). Then it repeats with (D) and (E) relative to (C), and (G) and (H) relative to (F). In addition, all stations are sending pulses of light in the direction of A, and in both directions along its line. In the pulses are coded station ID, time, energy spent on acceleration, and other data. The stations are remembering all information. Station (A) accumulate and analyze information collected. Final analysis is performed in Octagon.

The Second Phase of the Experiment.

Turned on a system of stations, which are moving perpendicularly to the lines of stations referred to in the first step. When the second stations are near the first ones, there are emitted rays of light by all stations along the lines of the first stations. The trajectories of the beams to be parallel are observed and analyzed. In fact, they move under a certain angle. The rays emitted by the second stations deviate from the rays emitted from the first stations in the direction of movement of the second stations.

The description of this part of the experiment is very difficult and long. There, in particular, is told that such an experiment could take place in the Earth conditions without the use of space stations. A diagram of the experiment and drawings are given. It will require a much lower cost than many physical experiments conducted on Earth now days.

GAYANE-OCTAGON

These experiments were conducted within a few million years. These experiments will be repeated in order to clarify and verify the theory. This will be done when Octagon goes out of space of our universe and move from it to a reasonable distance in the space between the universes. On this movement in space, Octagon will need approximately 10 billion years. Analysis of the performed experiments led to the creation of the Theory of the Absolute Space. The following are the main conclusions of this theory.

THE MAIN RESULTS OF THE THEORY

Recognizing the basic claim of the theory of relativity, it is stated that the universe has the following absolute properties:

1. The maximum absolute speed equal to the speed of light in vacuum.

2. The maximum speed depends on the properties of vacuum that can be changed. Depending on the properties of the vacuum in a specific volume of the space, it can be greater or smaller.

3. The minimal speed is zero.

4. For a given body mass may not exceed a certain maximum amount. Any further increase in the energy of the body leads to converting the mass into electromagnetic energy.

5. Body mass may not be less than a minimum value for this body.

6. Maximum temperature exceeding which converts the mass into electromagnetic energy.

7. Minimum temperature or absolute zero.

8. Absolute time - time at zero speed and minimal temperature.

9. There is a steady number of microscopic black holes. Elementary particles are their example.

10. The universe exists forever in an infinite three-dimensional Euclidean space.

This affects some of the results taken in physics. For example, the impossibility of singularity in the black holes. The theory of the absolute Space allows you to fix a coordinate system in space, which is not tied to astronomic bodies. In this system, it is possible to determine the absolute path of the cosmic bodies.

THE BOUNDARIES OF POSSIBLE

I am interested in the question of how biological civilization Gayane progressed, for example, in matters of telepathy or telekinesis. He answered that in Gayane, as in Octagon recognized conservation laws. The question he divided into two separate.

First, the various technological operations without the direct involvement of "worker's hands". As examples, he cited the technology how we manage drones, or emergency work on clogging wells at the bottom of the Gulf of Mexico.

Secondly, human contact with technological processes. On Earth, it is provided by computers. At Gayane to perform such operations were used special helmets that could caught the thoughts, and passed to the computer control system.

At every step were respected the conservation laws, and each system has its own energy sources. If a driver runs through the helmet a tank, the tank is not moving due to the energy of his brain. Tank has its own engine. I.e., telekinesis in all such processes does not present. The human brain does not have energy for bending spoons, or even to move a spoon. Laws of conservation are always respected.

Telepathy requires many billions of lines of communication, which is not possible. It is known that connection using; for example, electromagnetic waves require some bandwidth for each channel. These frequencies are allocated by a special international organization. At Gayane was designed by analogue a control helmet for individual use. It was the equivalent of the usual wireless phone.

He added that the recognition of conservation laws is such a strong limitation, that a serious educated person could not discuss the reality of such problems. At the same time, the non-recognition of conservation laws makes it possible for all sorts of things. Science loses its meaning and one can only hope for prayer. However, it appeared something like omnipotence in the technology, which in everyday life is not much different from the Divine omnipotence. This could be the next stage of "big brother".

I raised the issue of virtual reality and time travel. After all, very serious scientific centers of the Earth (such as MIT in a publication http://www.kurzweilai.net/reality-is-a-computer-projection-physicists#!prettyPhoto) believe that this is possible.

He said he is familiar with such theories. If the universe is a quantum computer, it is obvious that for virtual reality, which simulates a computer, there is no one-to-one correspondence with objective laws of nature. It should be recognized that someone has invested in the computer program with today's laws. Not known how often the program would be changed, and what came into head of its creator. It is obvious that the program can simulate any laws, which have nothing to do with the nature and reality. For example, half of the people on Monday have a huge nose on the back of the head. In computer games, you can find things that are more amazing.

He said that a detailed opinion on these issues could be found in the provided information.

PHYSICS, RELIGION AND COMMON SENSE

The present essay is my point. It does not have the goal of protecting religion or science. The author hopes that it does not hurt anyone's feelings toward any religion (for or against).

Apparently, the debate about religious dogmas has sunk in the past. Proved that the Earth is not on the three elephants and it is not the Centre of the Universe. Moreover, totally forgotten that these dogmas have been created by physicists. More specifically, experts in the field, from which came the science and physics in particular. Their followers - modern physicists completely rejected the teachings of their predecessors. In the passion of the dispute have been discarded all ideas, even those that were not discussed and not refuted.

Has not been taken into account that the physics and religion have different objectives. Religion appeals to the inner world of man (the soul), including those who are very far from physics. To live in peace and tranquility the stability of the world. Confucius declared:

If there is righteousness in the heart, there will be beauty in the character.
If there is beauty in the character, there will be harmony in the home.
If there is harmony in the home, there will be order in the nation.
If there be order in the nation, there will be peace in the world.

Thinking physicists about similar things.

Physicist (not Physics) are appealing to a narrow circle of professionals far removed from most of people. These professionals are far away from the engineers whom they give lectures on physics. Their physics often differ in their fundamentals from. They give a clear picture, drawn by their lectures. This is dogmatism. In addition, science like a crocodile, it is moving forward, not looking at the sides.

Nevertheless, the history of science is not so smooth. Lakatos commented on Euclidean geometry, Newton's theory of gravitation and the Mechanics:

"The analogy between the political and scientific theories is then more far-reaching than is commonly realized: political ideologies which first may be debated (and perhaps accepted only under pressure) may turn into unquestioned background knowledge even in a single generation: the critics are forgotten (and perhaps executed) until a revolution vindicates their objections." (I. Lakatos "Proofs and reputations", Cambridge, NY 1976, page 49).

Modern scholars do not always know about the executions of their colleagues (today it is done on false charges), but all of them know about the authoritarian behavior of scientific school supervisors. If someone wants to be clean, then one needs to start with himself.

Where there are more myths in physics or in religion? Look at the original:

Genesis, Chapter 1

[1] *(B) beginning God created the heavens and the Earth.*

2 The Earth was chaotic and empty, and darkness over the abyss; and the spirit of God was hovering over the waters.

3 And God said, let there be light. ' and there was light.

4 And God saw the light, that it was good, and God divided the light from the darkness.

I want to stress that according to religious books prior to the inception of (reality) were space, time, matter and the creator. It does not say what was in the abyss, but there was water, and God separated the light from the darkness. When I first read this, (the books were not sold in the Soviet Union) I was surprised why *"separated the light from the darkness"*. It is suggested that it is a "heat death", and it was necessary to separate the *Heat or light* from the *Cold or darkness*. Easier to write CREATED as about the rest, but is written SET APART.

Nothing was preceded the moment of creation in physics. All have happen "nowhere", "never" and from "nothing". In a dimensionless geometric point, an explosion occurred, if there was no time and no space, then what and why triggered the explosion? Who or what created the Universe out of nothing. However, in nature, nothing comes out of nothing and nothing cannot disappear. There are fundamental conservation laws. Physics strongly insisted on this.

It seems religion is much closer to common sense.

It is interesting how modern physicist chooses to explain the universe to anyone in the 12-year (not in the 2012)? Which hypothesis he chooses?

- Nothing

Or;

- Someone very mighty created all, staying within the existing nature.

I am convinced that today, as in the 12th year of our era, the second (religious) hypothesis has a considerable advantage.

11. THE LAST REPLICA

I finished writing, but the alien suddenly appeared. After all, it passed about 10 years. It seems to me that it was an ordinary dream. However, I decided to continue the substance of our conversation.

First, I asked the question about Ukraine, but had received no reply. He said that if the earthlings would perform a trial on communism, no problems would be today. The process would highlighted such horrors that all the crimes the Nazis did would have dulled. No one ever would then called anyone a fascist. It would be a much more offensive word - communist.

He further added that, if the leaders of Russia or China would not go crazy, then there would be no war and the terrestrial civilization will continue. It seemed to me that the German Chancellor Merkel had just that in mind.

The atomic bomb was not dangerous to the dictators of countries of the aggressors and they could start a war. However, Edward Teller proposed and created the hydrogen bomb, which made the war pointless for dictators, if they do not go out of mind. By his conduct, Teller made mad "peacekeepers" and they created the I G Nobel prize award, thinking to offend Teller. However, the award caught and that immortalized the great idea and its implementation.

There was talk that the attempts by certain countries to use trade as a weapon should be punished with taxes and fees. I noticed that then for Russia, e.g., external trade in general would be absent. He said that then it would be much easier in the world.

However, how this could be verified? He recalled that, the absolute lie detector made the problem on Gayane not serious. "The peacemakers" and supporters of political correctness on the Earth were afraid its appearance and would obstructing its development and usage.

Ilya Kogan

GAYANE-OCTAGON

ГАЯНЭ-ОКТАГОН

Илья Коган

GAYANE-OCTAGON

О планете Гаянэ, которую постигла космическая катастрофа я уже писал. Ее цивилизация продолжила свое существование в космической станции Октагон. Настоящая работа посвящена исключительно этому вопросу.

Ilya Kogan

СОДЕРЖАНИЕ

1. ВВОДНОЕ ЗАМЕЧАНИЕ

Ко мне (во сне?) явился инопланетянин, который рассказал о своей планете. Он возвращался неоднократно и мы вели длительные и интересные беседы. Это произошло примерно пятнадцать лет назад и я неоднократно писал об этом в книгах (первый раз в 2001 году) и на моем сайте. Уже много лет он не появляется, однако я жду и надеюсь на продолжение встреч.

Тем не менее, у меня есть основания считать, что материал на диске корректируется. Там появились разделы, которые относятся ко времени последующему появлению информации на диске. История Земли излагается без каких-либо прогнозов. Однако, история Гаянэ старше истории Земли на миллиарды лет. Учитывая их поразительную схожесть, можно делать предположения о будущем Земли.

Отсутствие прогнозов частично объясняется тем, что на данном этапе возможны несколько несовместимых вариантов развития планеты Земля. Этому имеется подтверждение собранным материалом о планетах, на которых цивилизация достигла земного уровня. Большинство цивилизаций уничтожают себя атомной или бактериологической войной. В этом смысле Гаянэ повезло, она благополучно миновала этот период.

Атомная война не обязательно должна уничтожить жизнь на планете. Достаточно уничтожить крупные города и базовые производства. Человек не сможет существовать в условиях отсутствия дорог, транспорта, антибиотиков и т.д. Через несколько поколений выживут только те, чей род хорошо организовал свою защиту палками. А еще через некоторое время исчезнут следы цивилизации. Далее все начнется сначала.

Тем не менее, если имеется корректировка информации, то это производится не в режиме онлайн. Например, еще нет ничего о событиях на Украине (сегодня 15 апреля 2014 года). А мне так хочется затронуть эту тему, однако не хочется обосновывать ее только своим мнением.

Инопланетянин сказал, что несколько миллиардов лет как их планета была уничтожена в космической катастрофе. Сейчас она существует

в виде космической станции Октагон **(Octagon).**
Он представляет цивилизацию Октагона, которая
периодически рассылает свои исследовательские
станции в разных направлениях. Эти станции
очень малы, однако имеют весьма мощные
научные и информационные возможности.

Я спросил почему он обратился ко мне и
как он уместился в маленькой станции.

Он ответил, что после ознакомления с
жизнью на планете Земля был создан типичный
представитель землян – человек. Фактически он
представляет собой в некотором смысле аналог
голограммы. Я могу проверить это пощупав его
«тело», что я и сделал.

Ко мне он обратился, поскольку на Земле
оказалось совсем не много ученых которые
способны думать не предвзято. К тому же я Илья
Коган оказался полным тезкой Почетного
Президента Октагона последние миллиарды лет, а
бабушку моей невестки (прабабушку моей
внучки) звали Гаянэ, как и их планету.

Я сказал, что возможно забуду многое из
наших бесед. Он ответил, что на моем новом
терабайтном диске я найду все, что меня
заинтересует. Утром я решил это проверить; и с
удивлением обнаружил, что диск почти заполнен
информацией. Там на их языке, на английском и,

что мне было особенно важно, на русском были все необходимые данные.

Имеются программы, которые позволяют читать визуально и слушать текст. Однако не имеется возможности копирования. Текст можно скопировать как картинку, но программы распознавания текста не работают. Единственная возможность это перепечатка текста и перерисовка картинок и чертежей.

Он сказал, что со временем эти ограничения будут отключены. Он сказал, что на Земле будут присутствовать их роботы и он, в частности. О себе они объявят, когда земная цивилизация достигнет соответствующего уровня развития. Будут ли они вмешиваться в земные дела? Он ответил, что это мало вероятно. Но у меня ведь уже есть информация. Он сказал, что этому никто не поверит.

Имеются разделы посвященные всем этапам существования общества. Все технические и технологические вопросы изложены достаточно полно, чтобы специалисты в соответствующей области могли не только разобраться и понять, но и осуществить технически или внедрить в практику Земли изложенное.

Раздел истории подразделяется на четыре раздела,

- Историю общества аналогичную нашей истории до 19 века.

- Период с 19 по конец 21 века.

- Период с начала единой обще планетарной организации до космической катастрофы.

- Период Октагона.

Особо следует отметить раздел, излагающий период соответствующий нашему с 19 по конец 21 века. Там отмечается поразительная аналогия истории Гаянэ и Земли. В этой связи этот раздел имеет три части,

- В первой излагается история Гаянэ. Если будет необходимо отметить, что в контексте имеется ввиду именно раздел истории Гаянэ, то будет помещено (Гаянэ).

- Во- второй история Земли с учетом собранных ими данных. Они имели существенно более широкие возможности сбора информации. При необходимости в тексте будет помещаться (Земля).

- В третьей переписана история Гаянэ, где вместо их имен и названий поставлены известные нам, аналогичные, поразительно аналогичные, события Земли. Названия стран и политических деятелей Гаянэ заменены их земными «двойниками». Приведен словарь соответствия названий («двойников») Гаянэ и Земли. При необходимости, в этом случае я буду помещать (Гаянэ-Земля).

Биологическая эволюция Земли аналогична биологической эволюции Гаянэ. Еще более удивительно, что историческая эволюция Земли очень близка к исторической эволюции Гаянэ. Каждая страна с ее историей и политическими деятелями имеет «двойников» на обеих планетах.

Основные отличия, которые я замечал, связаны, как отмечается в тексте, с неполным и необъективным изложением в доступных для землян источниках. Их корабль имеет возможность получения любой информации, которая имеется на Земле.

В настоящей работе конспективно изложены заинтересовавшие меня разделы. В первую очередь разделы, которые инопланетянин просил опубликовать. Учитывая огромный объём материала, невозможность копирования и скорость моего печатания, изложение весьма конспективное.

GAYANE-OCTAGON

В первых главах книги изложено содержание некоторых разделов (Гаянэ-Земля). Содержание этих разделов позволяет взглянуть на нашу историю как бы со стороны.

Кратко изложено развитие цивилизации Гаянэ. Опущены периоды до появления капитализма. Опущен период геологической истории, появления и развития живых организмов, которые предшествовали появлению разумной жизни. Специалисты соответствующих областей знаний могут прочесть это на диске, который имеется у меня в единственном экземпляре. Они могут обождать до решения инопланетян о свободном доступе к этой информации.

Описана организация общества предшествовавшая космической катастрофе. Описаны некоторые элементы политического и юридического характера. Эта система появилась при переходе от общества аналогичного земному в начале 21 века. Полностью она была внедрена на этапе городов-домов.

Затем приведены основные требования «кодекса стабильности». Кодекс стабильности, это свод правил и законов, которые позволяют сохранить стабильность общества в условиях демократического строя.

В материале, который я конспектирую нет событий последних лет, инопланетянин забыл обо мне. По этой причине есть включения взятые из СМИ. В основном это собрано в главе 9.

В последней главе описан Октагон и его научная жизнь. Эти главы не отличаются от другой научной фантастики. Завершается работа описанием некоторых научных результатов, полученных учеными Октагона.

2. ЖИЗНЬ ГАЯНЭ

Гаянэ, планета на которой была цивилизация аналогичная земной. После космической катастрофы она создала машинную цивилизацию - Октагон. По размерам, климату и природным условиям Гаянэ примерно такая, как наша Земля. Она вращается вокруг звезды похожей на наше Солнце. Эта звездная система расположена на большем расстоянии от центра Большого взрыва и там биологическое развитие началось раньше. То есть ее цивилизация существенно опережала земную. Миллиарды лет назад на Гаянэ была цивилизация аналогичная нашей человеческой, то есть существовали разумные живые существа аналогичные людям.

История Гаянэ так напоминает земную, что об этом не интересно писать. Однако их цивилизация продвинулась дальше. Этому способствовало, то, что Гаянэ, как упомянуто выше, находилась значительно дальше от центра Большого взрыва в нашей (локальной) вселенной. Ее цивилизация была старше земной. Дальнейшее развитие общества привело к созданию всемирного правительства и одного доминирующего языка. Культура была многоязыковой, можно было просмотреть на телевидении любой фильм, книгу или произведения искусства из музейного прошлого.

В настоящей главе кратко изложено развитие цивилизации Гаянэ. Изложение начинается со времени появления капитализма. Предыдущая история, то есть период формирования планеты и ее геологического развития не излагаются. Не описаны вопросы появления и развития живых организмов, которые предшествовали появлению разумной жизни. Этот период хорошо исследован учеными Гаянэ, поскольку они имели возможность сравнения такого развития в различных мирах.

Технология Гаянэ достигла уровня, когда производство товаров жизнеобеспечения (как и любых необходимых обществу товаров) не было проблемой. Последнее породило проблемы типа, «я хочу собственный музей со всеми автомобилями когда-либо произведенными».

С этим не так легко бороться. Представьте бурю протестов сторонников политкорректности и защитников разных прав. Ведь каждый имеет право …. Имеет право на 2500 дворцов, например, а ему хотят это запретить. А теперь возьмите не такой мелочный пример, как я привел с дворцами и добавьте, что «обиженный» является по их мнению членом какого-либо меньшинства. Не важно, что это «меньшинство» составляет большинство населения, как это можно наблюдать сегодня.

3. ПОЛИТКОРРЕКТНОСТЬ

Этот вопрос, из-за требований политкорректности на Земле, мне освещать и обсуждать почти невозможно. По этой причине я вынужден при его конспективном изложении избегать упоминания многих разделов этой темы. Не я первый вынужден это делать. Например, в США, при переводе произведений Станислава Лема на английский язык в таких случаях искажались либо исключались некоторые абзацы. Ну как можно, например, в книге, которая готовится к изданию в США, написать, что герой щипал женщин в автобусе за … - не соответствует политкорректности. Вот преподавать детям проблемы секса и раздавать презервативы, это политкорректность допускает.

На Гаянэ, как я уже неоднократно напоминал, эволюция, и развитие общества сильно напоминало аналогичные процессы на Земле. Этому вопросу уделено особое внимание.

Однако это было обнаружено только после встречи с земной цивилизацией. В дальнейшем этому предполагается уделить особое внимание в предполагаемом новом научном направлении о законах эволюции и развитии цивилизаций. Однако я пишу эти строки в земных условиях, где еще имеют большое значение вопросы политкорректности. По этой причине я выделил политкорректности отдельный раздел. Это особенно считается важным в вопросах религии и расы. В результате лицемерие и необъективность в рассмотрении расовых и религиозных проблем достигло чудовищных размеров.

Политкорректность пагубно влияет на развитие общества. Она усиливает национальную, расовую и межрелигиозную вражду. Она не дает возможности погасить внутри религиозную войну между сектами. Политкорректность ведет к деградации общества. В результате общество вынуждено тратить все возрастающие расходы на предотвращение следствий из этого и вводить множество ограничений, как например, анти террористические меры, ограничения в вещах, допускаемых в общественный транспорт или обязательность паспортов.

Однако, самый большой вред политкорректность наносит обществу, замедляя его развитие, оглупляя и развращая его. Приведу лишь один пример. Расовая нетерпимость должна быть преодолена и для этого придуман прекрасный метод, помогающий решить эту проблему. В школах, в каждом классе должны быть представители разных рас и разных религий. Но при наличии табу на обсуждение этого вопроса он обернулся страшно вредными последствиями для развития страны.

В каждый класс привозят пару хулиганов, от которых мечтала избавиться их прежняя школа. Они старше по возрасту, на голову выше и гораздо сильнее учеников своего класса. Они не хотят учиться, их мечты это курение, драки, секс, наркотики и прочее. Они знают, что их боятся и ученики и учителя. Они открыто обижают одноклассников и грубят учителям. Они открыто хвастаются, что им ничего за это не будет, что их даже директор не посмеет тронуть. На их страже политкорректность. А пока классы и вся школа уже живут другой жизнью. Уровень преподавания равняется по новым бездельникам. Они по возрасту, росту и физической силе намного впереди своих одноклассников. По своему образованию они на дошкольном уровне. Это не потому, что они умственно отсталые, а потому, что они никогда не слушали, что говорили учителя.

Выше приведен один, но яркий пример, как прекрасная идея благодаря политкорректности превращается в свое отрицание. Подчеркиваю, что политкорректность этого не требует, но она делает невозможным обсуждение подобных проблем. Трудно переоценить огромный вред, который наносит стране политкорректность. Слава богу, но не гражданам США, что в стране есть школы одаренных детей, что пока еще США являются привлекательным местом для научных работников мира. Как показано только одним примером, сторонники политкорректности сделали все возможное для превращения США в отсталую страну.

А ведь можно было выбрать, на места представителей других рас и религий, детей, которые хотят учиться, вместо огромных хулиганов. Эти дети станут примером для подражания и будут тянуть школу, а потом и страну вперед. Но их оставили там, где они интеллектуально зачахнут. Последнее наводит на мысль, что сторонники политкорректности целенаправленно вредят США.

Ведь еще недавно этого на Земле не было. Все это пережила и Гаянэ. Постепенно средства на борьбу с последствиями политкорректности стали непосильными. Непосильными стали и введенные ограничения. На Гаянэ появилась необходимость обсуждения требований политкорректности, и общество вернулось к старым благополучным временам безопасности и доверия. Обучение вернуло свою эффективность. Общество стало смотреть в будущее с надеждой.

В Нью-Йорке («двойнике» на Гаянэ) произошел небывалый по размерам теракт, устроенный членами некоторой группы, которая называла себя религией. Это событие радостно отмечалось членами этой группы по всей Гаянэ. Даже на улицах Нью-Йорка можно было столкнуться с оргиями, в которых сотни человек радостно отмечали это событие.

Требования политкорректности запрещали даже упоминание об этом. Однако, и видимо следует сказать спасибо им за это, они не запрещали родным и знакомым погибших в теракте, проводить памятные траурные мероприятия. Конечно, политкорректность требовала застройки территории прилежащей к зоне теракта священными зданиями группы, устроившей теракт. Видимо так можно было, если не прекратить, то, по крайней мере, ограничить траурные мероприятия в память погибшим.

В США, и по всей Земле были введены строгие правила передвижения. Сначала паспорта требовались при полетах, затем в поездах и в автобусах и дело двигалось к предъявлению паспортов при посадке в общественный транспорт и метро. Подобные мероприятия съедали значительные средства и снижали эффективность страны. Последнее, как я уже писал, привело к всенародному обсуждению и ограничению деятельности членов подобных групп.

В разделе посвященном политкорректности обращается внимание на опасности связанные с борьбой против политкорректности и аналогичных хорошо организованных явлений. В подтверждение этого приведены земные примеры (Земля).

Профессор физики решил показать до какой степени предвзятости дошло движение политкорректности. Он написал статью о том, что закон всемирного тяготения придуман с целью притеснения некоторых «меньшинств». Это было опубликовано в журнале сторонниками политкорректности. Через некоторое время этот профессор опубликовал заметку, что это была шутка. Если кто-либо сомневается в законе всемирного тяготения, то может проверить его выйдя из его окна, он живет на 22-м этаже. Против этого профессора была организована, как в разделе (Земля) указывается, именно организована, травля.

В этом разделе даны примеры и других тем, которых опасно касаться и объясняются (вернее описаны) причины почему это не следует делать. Есть даже имена тех, кого следует опасаться.

Я назову только два примера, которые одновременно служат подтверждением, что информация на диске корректируется.

Кризис, который начался с бизнеса продажи домов был тщательно спланирован и потребовал значительных и длительных усилий на его осуществление. Этот кризис принес огромные прибыли тем, кто его организовал. В разделе (Земля) указана литература, в которой это подтверждается.

Последние годы наблюдаются постоянные и часто очень необычные колебания основных экономических показателей на бирже. В разделе (Земля) почти раскрыт механизм, который используют организаторы этого явления. Их прибыли огромны. Однако, это явление на Земле не исследуется, при этом имеется много финансистов, которые в состоянии раскрыть эти действия.

4. ГОРОДА-ДОМА

В 21 веке на Гаянэ было создано единое
государство. Развитие технологии и упразднение
военных расходов позволило выделить
значительные средства на развитие общества.

Контролируя рождаемость, численность
населения Гаянэ поддерживалась на постоянном
уровне. Кстати, эта проблема заключалась не в
уменьшении населения, проблема была в его
увеличении. Большинство населения не
стремилось иметь детей. Сейчас мы наблюдаем
такое явление в развитых странах на Земле.

Население Гаянэ составляло примерно один
миллиард и жило в основном в городах. Каждый
город состоит из одного здания, около трех
километров длиной. Каждое здание имеет 150 -

200 этажей, и напоминает многоножку с длинным прямым, широким туловищем. Через каждые 200 метров, с обеих сторон, есть перпендикулярные пристройки по 150 - 200 метров в длину. Большинство пристроек имеют в центре коридор, с квартирами с обеих сторон. Тем не менее, многие пристройки используются для других целей, как развлечения, производства, школы, больницы, и другие услуги.

Население одного города на Гаянэ составляет примерно пол миллиона человек. Город окружен парками аналогичными Disney World. Сообщение с ними проводится фуникулерами.

Первоначально жители не хотели переселяться в такие дома. Со временем они оценили преимущества жизни в таком доме и образовались огромные очереди – списки желающих туда переселиться. Примерно за 20 лет практически все население Гаянэ переселилось в города–дома.

Крыша здания используется для воздушного сообщения, и других служб. Здание стоит на колонах и под ним свободный проезд. Схемы и чертежи с подробным описанием города-дома и его жизни приведены очень детально. Это описание вполне пригодно для построения такого сооружения в земных условиях. Фантасты и архитекторы Земли предполагают весьма непохожую архитектуру будущего.

5. ОРГАНИЗАЦИЯ ОБЩЕСТВА

Политическая структура Гаянэ очень похожа на политическую структуру США, есть местные, региональные и национальные правительства. Каждая квартира имеет возможность выразить свое мнение в центральную информационную систему (национальное правительство), но если кто-то хочет голосовать анонимно, он или она может сделать это из многих мест. Это позволяет проводить постоянное отслеживание общественного мнения, а также проведение голосований или референдумов. Таким образом, население, правительство и политики постоянно в курсе общественного мнения.

Пятьдесят городов объединены в область, которая имеет такие же права, как штат в США. Органы центрального управления в основном схожи с органами управления США. Однако в конституции Гаянэ имеются существенные, можно сказать принципиальные отличия от некоторых положений, которые считаются основополагающими для демократического общества.

Например, в отличие от США и других демократических государств Земли, на Гаянэ имеются группы населения лишенные права голоса. К таким группам относятся, например, довольствующиеся пособиями и не желающие участвовать в поддержании общества. Сюда относятся и некоторые группы заключенных. Однако их (совещательное) мнение по всем вопросам известно, если они хотят принимать участие в голосованиях и опросах.

В период городов-домов стало гораздо проще организовать социальное обеспечение. Там, например, не было бездомных, значительно уменьшилось хулиганство, воровство, грабеж и т.п.

Идентификация каждого гражданина, его отпечатки пальцев, ДНК, фото, спектр голоса, и так далее, находятся в центральном банке информации Гаянэ. На Гаянэ разработаны почти абсолютные детекторы лжи, в которых вероятность ошибки меньше, чем одна миллионная на каждый вопрос. Если в тесте около

10 вопросов, то данные детектора лжи равносильны самым «достоверным» фактам, используемым в юриспруденции. Детектор лжи может быть использован как в отношении преступников, так и в отношении свидетелей.

Список вопросов, должен быть согласован перед началом использования устройства для обеспечения, например, неприкосновенности частной жизни человека. В особых случаях, если детектор лжи показывает, что подозреваемое лицо обладает информацией жизненно важной для общества, разрешено использование безвредных средств, таких, как наркотики, повышающее вероятность правильности ответов.

Видеомониторы расположены во всех общественных местах. Все мониторы подключены к центральной автоматической станции. Большинство населения, по их просьбе, имеет такие мониторы в своих квартирах по соображениям безопасности. Они не боятся "большого брата", поскольку они полагают, что такая тварь не может существовать в их обществе. Видеомониторы проводят обработку информации и определяют намерения лиц, попадающих в объектив.

Внедрение эффективного социального обеспечения обострило известную проблему. Это проблема неэффективности демократического общества в борьбе с преднамеренным использованием демократических свобод в личных, и часто преступных, целях.

Примеров этому множество. Иммигрантские анклавы, которые пытаются разрушить государство изнутри, пользуясь демократией. Это особенно очевидно на примере репатриации беженцев в геометрическую точку под названием Израиль.

Голосование все возрастающей части общества, живущей на пособия снимаемые с доходов тех кто работает и платит налоги. Беспринципные политики обещают им все большую поддержку. К этому добавляется поддержка всяких полит корректных борцов за права «меньшинств». В результате все большая часть работающих имеют доход ниже тех, кто никогда не работал. Естественно они тоже бросают работу.

Необходимость в этих законах на Гаянэ возникла, когда в их США процент голосов бездельников приблизился к 50. Естественно «богатые» не могли содержать такую армию нахлебников и стали покидать страну. Стране грозило банкротство. Была создана комиссия по предотвращению банкротства.

В первую очередь были приняты законы, которые обеспечивали работающим с низким доходом получать доплату, чтобы их доход существенно превышал доход человека на пособии. Пособие частично заменялось бесплатной пищей в столовой. Практика предоставления бездомным комнат в дорогих отелях и питания в ресторанах была прекращена.

Был введен порядок, что все находящиеся на пособии обязательно учатся для получения квалификации по их выбору с целью дальнейшего трудоустройства. При этом продолжительность учебы была на час больше, чем определенный законодательством рабочий день. В результате времени на спортзал и наркотики не остаётся. Пособие утратило свою привлекательную сторону.

Безусловно, нельзя оставлять людей на улице в мороз и голодными, но им следует предоставлять условия не лучшие, чем у наиболее низко обеспеченных людей, которые работают и платят налоги для обеспечения бездельников. Это слова, которые употреблены в тексте (Гаянэ-Земля).

В результате появились политики, которые преодолели требование политкорректности и разных «защитников прав». Это позволило провести законы о неучастии в избрании правительства неработающих и преступников. Это вводилось поэтапно, однако, каждый следующий этап требовал меньших усилий.

Сначала лишались избирательного права те, кто никогда не работал и занимался преступной деятельностью. После этого легко был принят более жесткий закон. Для тех, кто не работает в период голосования, ищущие работу, как хронические безработные, но не обучающиеся, заключенные и пр.

На Гаянэ нет тюрем. Преступники направляются в регион похожий, например, на СССР. В этом месте, разрешены советские лозунги, типа "Кто не работает, тот не ест!". Эти регионы не имеют военных расходов, и там нет армии, существует только милиция. Тем не менее, в этих регионах существует постоянная потребность определенных товаров, особенно продуктов питания, из-за очень низкого уровня производства в социалистическом обществе. Люди очень боятся быть направлены в такое место, в результате чего уровень преступности на Гаянэ на низком уровне.

6. СОЦИАЛЬНОЕ ОБЕСПЕЧЕНИЕ

Граждане Гаянэ считают, что социальное обеспечение должно быть максимально полезным и как можно более доступным. Социальное обеспечение положено всем гражданам в дополнение к другим доходам. Имеется объяснение, почему каждый гражданин получает социальное обеспечение. Получение социального обеспечения обусловлено выполнением общественно полезных работ или обучением. С другой стороны, есть много вариантов финансовой помощи или субсидий для тех, кто может доказать, что они делают что-то полезное или интересное для общества.

Однако, сначала я хочу обратить внимание на проблему, которая назревает на Земле. Эта проблема была и на Гаянэ, но она была успешно решена. То есть там решили важные социальные явления, которые отрицательно и существенно влияли на жизнь общества. Когда говорят о социальных явлениях, то не соблюдается математическая строгость. В этих случаях, например, под словом «все» понимают «большинство», а не строго каждый. При этом само понятие большинство понимается по-разному.

Все граждане Гаянэ имели право на бесплатную жилплощадь в городе-доме. В состав жилплощади входит квартира согласно нормам, отопление, освещение, интернет, компьютер с телефоном, стены-телевизоры с определенным набором каналов и оплата всех коммунальных расходов. Если кто либо хотел дополнительную жилплощадь, то она предоставлялась за отдельную плату.

В (Гаянэ-Земля) рассмотрен вопрос о том, почему цивилизация развивалась неравномерно в разных областях планеты. Если человечество появилось в Африке, то почему Европа вырвалась вперед. Это не объясняется положениями марксизма.

Там это объясняется на основе народной мудрости,

- Как дела?

- Живем как в Африке; ходим голыми и питаемся фигами.

Кроме переносного смысла, здесь есть и прямой смысл. Зачем думать в тропиках, можно жить ни о чем не думая. А вот в умеренном климате нужно позаботиться об огне, о закрытии входа в пещеру зимой и прочее и прочее. То есть надо думать и развивать технологию.

На Земле лет 200 назад работа обеспечивала человеку минимальное жилье без санитарных удобств. Работающий мог обеспечить себя жильем, едой и одеждой, удовлетворительными по тем временам. Рабочий день продолжался 11 - 12 часов. Было не более одного выходного (нерабочего) дня в неделю. Не было ни больничных дней, ни медицинских страховок, ни оплаченных отпусков, ни пенсий. В 1942 - 1944 годах я работал в значительно худших условиях, но это был социализм и война.

Сейчас (2014 год), в экономически развитых странах рабочий день продолжается 7 – 8 часов в день при 5-дневной рабочей неделе и дает значительно лучшее социальное обеспечение. Квартира оборудована центральным отоплением, кондиционированием, холодильником, водопроводом, канализацией, телевизором и прочим. Многие имеют собственный автомобиль. Отпуск оплачен, как и, в значительной мере, медицинское обслуживание. Питание и одежда значительно разнообразней, чем в прошлом. Старость обеспечена пенсией и дополнительными льготами. Есть вэлфер и пособие по безработице.

Дикий капитализм давно канул в прошлое не без борьбы социалистов за права трудящихся. Сейчас отголоски дикого капитализма можно увидеть, например, в России. Компьютер Гаянэ нашел, что дикий капитализм на Земле процветал в СССР. Там были наибольшее неравенство и несправедливость в обществе.

Разумеется, все эти блага были завоеваны. Это не добровольные уступки работодателей. Однако и конкуренция работодателей сыграла свою роль. Квалифицированные кадры выбирают работу не только по величине зарплаты, но и по бонусам. Это учитывают конкурирующие работодатели.

То есть с тех пор произошло сокращение продолжительности рабочего дня примерно в два раза. Во сколько раз возросло обеспечение трудно оценить. В дополнение, все услуги, покупаемые на зарплату или получаемые по бонусам, требуют работников, которым платят зарплату. Не важно, что эти дополнительные работники производят, холодильники, телевизоры, учат в школе или делают операции. Все они косвенно сокращают рабочий день. Это еще больше сокращает эффективный рабочий день в сравнении с прошлым.

Постоянный рост производительности труда ведет к неуклонному росту поставляемых на рынок товаров и услуг. Этот рост опережает рост потребления. Как следствие растет безработица и хронический избыток рабочей силы. Эти явления происходят уже не одно столетие. Однако в некоторой мере это компенсировалось ростом обеспеченности жизни. То есть комплексом, в который входят и зарплата и продолжительность рабочего дня, и разнообразие жизни и прочие факторы.

Земля находится на пороге серьезного и опасного явления. Начинается рост хронической безработицы, которую не удастся уменьшить обещанием создания новых рабочих мест. Продукция этих новых рабочих будет избыточной. Новые луддиты не помогут. Производительность труда будет неуклонно расти и роботы, заменяющие людей, будут делать все больше и все быстрее необходимые товары и услуги.

Интересно напомнить, что когда была пущена первая автоматическая линия, Форд пригласил профсоюзного лидера осмотреть ее. Показав на ряд роботов, он ехидно спросил профсоюзного босса, «Интересно как вы будете собирать профсоюзные взносы с этих парней?»

«Точно так же, как Вы будете продавать им свои автомобили» - ответил тот.

На Гаянэ, как и в любой развитой цивилизации наступил такой период. Его некоторые характеристики,

1. Хронический и непрерывный рост безработицы.

2. Рост неработающих людей на разных пособиях.

3. Рост множества людей, не имеющих дохода и не обеспеченных пособиями.

4. Банкротство системы пенсионного и медицинского обеспечения пенсионеров.

5. Банкротство материального и медицинского обеспечения для получающих пособия.

Перечень можно дополнить множеством проблем, но и этого достаточно. Очевидно, что трудно найти удовлетворительное решение в рамках псевдодемократического общества. Как показал опыт, введение социализма не поможет.

Социализм может увеличить неравенство в обществе, создать голод и очереди. Интересно, найдется ли социалистическая страна, которая будет кормить граждан Северной Кореи, чтобы они могли создать атомные бомбы для уничтожения тех, кто их кормит. Каждой социалистической стране нужно создавать свои бомбы.

Процент неработающих непрерывно растет. Как следствие, каждый, кто хочет быть избранным должен давать обещания людям, которые заинтересованы в увеличении своих благ, то есть пособий. Это создает парадоксальную ситуацию, когда человек, который всю жизнь прожил на пособии, по достижении пенсионного возраста получает надбавку. В результате его пособие и другие льготы часто превышают блага пенсионера, который всю жизнь работал и платил налоги.

Изложенное позволяет назвать два основных недостатка демократического государства, усугубляющих описанную ситуацию.

1. Непрерывный рост процента избирателей, которые заинтересованы в увеличении пособий.

2. Рост хронической безработицы.

GAYANE-OCTAGON

На Гаянэ был разработан план, который удалось осуществить за несколько десятилетий. Этот план частично изложен в разделе о жизни Гаянэ. Его осуществление было очень трудным, однако результат превзошел все ожидания. Описание борьбы за внедрение этого плана очень громоздко и я не могу изложить его конспективно. Пункты плана столь необычны и трудны для восприятия землянами, что я перечисляю основные из них без комментариев.

1. Сокращение рабочего дня. Рост отпусков. Все рабочие площади используются не менее 12 часов в день и 7 дней в неделю. Это требовало от 3 до 4 разных смен на каждом рабочем месте. Более эффективное использование рабочих площадей повысило рентабельность и позволило дополнительно сократить рабочий день. Очевидно, что с ростом производительности должен был сокращаться рабочий день.

2. Всем гражданам в дополнение к их доходу обеспечивается, ежемесячная выплата и бонусы, равная пособию неработающих. Эта выплата равна величине затрачиваемой на получателей пособий (на жилье, холодильник, тепло, свет, кондиционирование, экраны на все стены и гардины, интернет, минимальная медицина, общественный транспорт города и многое другое). В результате каждый гражданин при любой жизненной ситуации, не попадает в

положение, которое хуже положения того, кто не хочет работать. То есть денежный доход и бонусы работающего, как минимум превышают доход получателя пособия на величину своей зарплаты. Одновременно работающий имеет не меньше свободного времени, чем получатель пособия. Все это сокращает стремление перейти на пособие.

3. Образование в школе обязательное и бесплатное. Разделение школ, классов и учебных программ по уровню IQ учащихся. В США, видимо преднамеренно, создана ситуация, которая ведет к уничтожению страны. В каждый класс привозят пару учеников, которые издеваются над другими учениками и срывают учебу. Если ученик учится ниже своих способностей (из-за лени), то он штрафуется временем (посещает дополнительные занятия), то есть у него остается меньше времени на прочие занятия. Если ученик не способен усвоить материал преподаваемый в школе, то он переводится в школу другого уровня. Бесплатное высшее образование. На Гаянэ высшее образование в основном проводилось у экранов компьютеров. Присутствие требовалось только при сдаче некоторых тестов.

4. Все кто находятся на пособии, то есть это единственный их доход, обязаны посещать занятия по обучению выбранной ими специальности. При этом их учеба, по крайней

мере, на час в день больше, чем продолжительность общепринятого рабочего дня. Частично учеба может быть заменена общественными работами (по их выбору).

Исключение было для инвалидов. Им в помощь был специальный штат состоящий из медицинского персонала и роботов, которые вызывались нажатием кнопки.

5. В любых голосованиях (референдумах) участвуют только граждане, которые работают. Однако все остальные граждане могут участвовать с совещательным голосом. Это положение было принято с особо большими трудностями.

6. Исчезновение политических демонстраций. Этого добились путем помещения на верхней полосе стен политической рекламы с обратной связью. Там непрерывно можно видеть, сколько сторонников и противников по каждому обсуждаемому вопросу. Отдельно выделены цифры участников с совещательным голосом.

7. Во всех государственных учреждениях, включая учебные заведения, был один язык. По существу это государственный язык всей планеты. Этот язык был разработан на основе самого распространенного языка с упрощением правописания и введением ряда дополнительных правил. На это ушло около 50 лет после

установление на планете одного государства. Однако культура могла развиваться на любом языке, то есть ни одному языку не отдавалось предпочтения.

Ясно, что Земля к таким положениям еще не готова. Они направлены на стремление граждан к работе на благо общества. Например, все получающие пособие заняты больше работающих и их доход заведомо ниже, чем у работающих. Нарушители правил поведения высылались в «социалистическую зону». Там они жили как при социализме и не влияли на жизнь основной Гаянэ. Со временем «социалистические зоны» опустели. Свободная жизнь при социализме показалась страшнее каторги.

Очевидно, что описанные меры требуют огромных затрат. Дополнительные средства были получены за счет увеличения числа работающих за счет сокращения числа получающих пособие и безработных. Благодаря внедрению автоматизации и перенастраиваемых роботов с широкими возможностями производство необходимых товаров полностью покрывало потребности общества.

7. КРИТИЧЕСКИЕ СИТУАЦИИ

В истории Гаянэ, было много событий, имевших критическое значение для ее выживания. Две катастрофы, едва не изменили ход истории, и оказали большое влияние на будущую жизнь на планете. Оба эти события были связаны с информационными системами. Все выдумки и фильмы на Земле, относящиеся к подобным событиям сосредоточены на попытках получить власть с помощью силы и с помощью новой военной техники. Видимо другой подход не дает возможности действовать в полную силу Джеймсам Бондам, и Терминаторам.

Первое событие произошло, когда одна из компаний Гаянэ разработала замечательную программную систему, в разделе (Гаянэ-Земля) эта компания называется Microsoft, но мне не хочется в таком контексте повторять это слово. Ее операционная система была очень мощной и удобной для пользователей. Эта ОС использовалась почти во всех важных информационных системах и компьютерах планеты. С другой стороны, операционная система не была прозрачна для пользователей, и компания скрывала ее структуру даже от правительства. К тому же, почти ежемесячно компания вносила в этот ОС изменения. Впрочем, земная Microsoft и другие компании вносят изменения по несколько раз в месяц. Последнее привело к тому, что многие пользователи используют не последнюю версию ОС Microsoft, что позволяет избежать постоянных изменений. Это так же позволяет избежать очень неприятных неожиданных перезагрузок компьютера. Только один специальный отдел компании на Гаянэ имел полные характеристики этой операционной системы.

Этот отдел по поручению руководства компании создал возможность через операционную систему контролировать все информационные системы на планете и осуществлять управление ими. В те времена на Гаянэ практически все контролировалось с помощью глобальной сети и с помощью компьютеров. Большинство функций выполнялись автоматически, оставляя общество беспомощным без информационных систем. Конечно же, эти системы были защищены от несанкционированного вмешательства, и была обеспечена их высокая надежность. Однако это не защищало от воздействий через ОС, если в нем предусмотрены преимущественные перед оператором воздействия. Таким образом, компания могла управлять этими системами и могла поставить ультиматум с необходимыми требованиями.

Однажды на всех компьютерах появилось сообщение-команда, требующая неукоснительного выполнения. В случае нарушения следовали жесткие санкции как закрытие финансовых счетов, отключение энергоснабжения и сантехнического обслуживания. Средства связи прекратили работу, а по радио и телевидению транслировались новые правила поведения. Прекратили работу все транспортные средства и средства их регулирования. Для полиции и армии были дополнительные и очень серьезные угрозы. В результате все силовые структуры согласились с условиями новой власти и принесли присягу этой анонимной власти. Согласно передачам средств информации новая власть действовала от имени галактического правительства и преследовала высокогуманные цели и счастье человечества. При сравнении с выступлениями Ленина и его последователей трудно удержаться от мысли, что материалы новых претендентов на власть были почти копиями. В тексте (Гаянэ-Земля) в число последователей Ленина был включен Гитлер. Интересно, что одним из первых декретов Ленина (видимо подготовленном еще в Швейцарии), был декрет о закрытии доступа к библиотечным архивам. В Советском Союзе, например, было трудно получить информацию о цивилизации Майя. Ведь «Манифест Коммунистической Партии» явно был плагиатом у этой цивилизации.

Службам нового порядка был необходим дополнительный персонал. Группа новых сотрудников организовала заговор против порядка, введенного диктатурой. Эти заговорщики захватили управление и диктаторов. Заключенные сообщили, что они будут организовывать катастрофы, которые приведут к нарушениям и даже возможности существования общества. Когда все средства цивилизованного воздействия были исчерпаны, был приглашен "специалист" из старого министерства безопасности (из их страны – аналога СССР). Этот "специалист" утверждал, что он может разрешить ситуацию только с помощью забытых "коммунистических методов". "Специалисту" пришлось разрешить работать, и в скором времени заключенные диктаторы согласились выполнять любые требования. Демократический порядок был восстановлен на всей планете. За короткое время, границы были отменены, и было создано единое центральное демократическое правительство Гаянэ. Кроме того, некоторые новые ограничения были введены, которые предотвращали подобное в будущем. В этих ограничениях значительную роль играли правила владения, работы и прозрачности информационных систем и средств массовой информации.

Вторая Катастрофа произошла примерно через тысячу лет после первой. В то время, информационные системы управления планетой были более мощными, чем мозг человека. По существу это было одно из возможных воплощений сингулярности. Части информационной системы управления, были размещены глубоко под землей в бетонных помещениях с толстыми стенами. Источники питания были резервированными и автономными. Видимо цивилизация Гаянэ могла создать, что-то более внушительное, чем Ереванский п/я 1, в который я был направлен в 1952 году после окончания института. А в нашем подземном дворце были не страшны ни прямое попадание мощнейших бомб, ни появление в атмосфере неизвестных газов. Мы имели возможность регенерации атмосферы и подземную электростанцию. На Гаянэ информационный обмен в системе управления осуществлялся по защищенным подземным коммуникациям, и был дублирован с помощью спутников. В основном ремонтные работы выполняли автоматы (роботы), но некоторое участие человека по-прежнему было необходимо. Большинство систем защиты и обеспечения надежности было сделано по заказам самой системы управления, и, казалось разумным с учетом важности функций этой системы. В конце концов, некоторые люди начали думать, что независимость и безопасность системы управления, является чрезмерной. Люди, которые выступали с подобным мнением стали внезапно умирать. Это привело к созданию группы, которая начала тайно расследовать ситуацию.

Эта группа установила, что в системе управления создан план уничтожения человеческого населения планеты, за исключением тех, кто необходим для обслуживания системы управления. Не была решена проблема, когда начинать вводить план в действие. Если этот план ввести немедленно, то в результате зависимости от услуг человека, это может быть роковым в ближайшем будущем для системы управления. Был разработан план по уничтожению всех кабельных линий и антенн для ликвидации влияния системы управления. Однако общество не могло жить даже короткое время без системы управления. Кроме того, необходимо было иметь очень серьезные аргументы для остановки нормальной работы системы управления. Они понимали, что эти аргументы не могут обсуждаться публично. Судьба их коллег показала это. Проблема состояла еще в получении взрывчатых веществ и привлечении специалистов взрывников. Однако все проблемы были решены, и система управления была остановлена.

На Земле многие понимают наивность законов робототехники Азимова, которые запрещают роботам вредить людям. Не говоря о неоднозначности такого положения, примером которого является "Формула Лимфатора" Станислава Лема. На Гаянэ, опасность монополии, особенно если монополия связана с высоким интеллектом, была понята. Ее не предвидели, но ситуации, описанные выше, заставили общество задуматься над этим. На Земле, такие бедствия, как 11 сентября 2001 тоже заставили задуматься. Люди начинают лишь частично понимать, что любой бандит может скрывать свои замыслы, пользуясь демократическими законами. Этим бандитам даже дается возможность беспрепятственно осуществлять свои действия, находясь под балдахином, скрывающим лицо и запасы оружия и взрывчатки. Это очень легко и просто, если террористическая программа бандита объявлена религией. В этом случае любые несоответствия между пропагандой и реальным поведением игнорируются.

Были большие трудности предотвращения преступлений против общества со стороны независимых и мощных, частей интеллектуальной системы управления, или информационных систем находящихся в частном пользовании. Эти трудности были решены. Именно поэтому значительная часть информации переданной инопланетянином посвящена обсуждению этой проблемы и возможным ее решениям. В соответствии с рекомендациями специальной комиссии на Гаянэ, были созданы законы по предотвращению манипулирования демократическими свободами в ущерб демократии. Статус новых законов делает их отмену весьма затруднительной, если не невозможной.

Следует упомянуть еще одну катастрофу. Когда читаешь, то кажется, что это написано о Земле. На Гаянэ набрало огромную силу борьба против их США под лозунгом предотвращения глобального потепления. Ученые их США пришли к выводу, что их Солнце может повысить свою активность, что приведет к повышению температуры в ближайшее десятилетие. К этому времени была разработана экономически эффективная система размещения на околопланетной орбите управляемых зеркальных пленок. Эти пленки отражали в нужном направлении солнечный свет и работали как фотоэлементы. В результате производство электроэнергии от этих пленок превысило потребности страны. Одновременно появилась возможность регулирования климата в США и прилегающих территориях.

Когда наступило десятилетие повышенной активности Солнца, мир не был в состоянии ему противостоять. Во многих странах выгорели леса и высохли реки. Значительно увеличилась преступность, и вяло текущие гражданские войны. Их США организовало аналог плана Маршала и обеспечило дешевым продовольствием планету.

Однако движение против глобального потепления выжило и продолжало деятельность против их США. «Активистов» не смущало, что пожары в сотни раз больше загрязняли атмосферу, чем вся промышленность. Источники финансирования этого движения остались в тайне и после прекращения самого движения.

В этом разделе (Гаянэ-Земля) рассмотрено много других вопросов преступного использования информационных систем. Я решил остановиться на одном из них. Появление Интернета безусловно является огромным благом для цивилизации. Трудно переоценить возможности, которые дает E-mail. Компании с большим числом пользователей используют информационные возможности Интернета в своих (корыстных?) целях. Такие компании как, например, Facebook, Twitter, Yahoo, почти все медицинские страховые компании и т.д. засыпают своих пользователей сообщениями по E-mail. Однако эти компании не принимают от своих пользователей электронную почту. На Гаянэ E-mail, в которой нет обратного адреса по которому можно отправителю ответить по E-mail, считалась мусором и за его отправку налагались санкции.

8. КОДЕКС СТАБИЛЬНОСТИ

8.1. ВВЕДЕНИЕ

Кодекс стабильности является сводом правил и законов по предотвращению ситуаций опасных для существования общества. В главе 7 описаны некоторые критические ситуации. Однако такие явления могут быть значительно разнообразнее.

Кодекс стабильности создавался десятилетиями и вводился поэтапно. Здесь, в основном, изложена версия периода городов-домов. Основная цель Кодекса стабильности не допустить возможность манипулируя мнением большинства навредить обществу и его меньшинствам. Референдум решал, но предварительно комиссия обсуждала что можно выносить на референдум.

Под меньшинством на Гаянэ понималась группа людей, которые иммигрировали в страну, а не родились в ней, независимо от расовой или религиозной принадлежности. К ним применялся определенный закон и правила, позволяющие облегчить их адаптацию. Те кто родились законно в стране были равны во всех отношениях.

Первоначально были протесты. Как можно с одинаковыми мерками подходить к религии, политической партии и к союзу рыжих.

Союз рыжих вроде смешно, а союз блондинов в Швеции? Такой союз может провести любой вопрос через референдум у них заведомо большинство. Вот решат они, что если брюнет не одевает светлый парик, то у него прямо на улице снимается скальп. Пример взят из (Гаянэ).

Таким образом не всегда достаточно разделение группы. При повторных попытках ставить на референдум вредные для других вопросы, союз может быть распущен. Вредность не всегда очевидна. Ленин говорил о подобных случаях, что по форме правильно, а по существу издевательство. Как было бы хорошо, если бы такое лживое и жестокое зверье, как Ленины, Сталины и Гитлеры выполняли те прекрасные принципы, которые они провозглашали. Отцы основатели США это понимали и лучшее, что они

163

придумали, это разделение властей; пока вроде бы работает.

В основном использован материал, относящийся к периоду конца человеческой цивилизации и начала смешанной. Материал взят из раздела (Гаянэ-Земля), то есть переработан, вместо примеров из истории на планете Гаянэ – их планете, приведены аналогичные примеры из истории нашей Земли. В этом разделе история Гаянэ была переработана с заменой событий и участников этих событий. Вместо их стран были поставлены наши аналоги (США, СССР, Китай, Ленин, Сталин, Гитлер и т.д.). Просто удивительно читать соответствующие разделы из истории Гаянэ и сравнивать их с переработанными разделами. Впечатление, что никакой Гаянэ не было, а это было и известно на нашей Земле. Отличия есть и это отмечается. Причина в том, что перед переработкой была собрана информация, соответствующая реальным историческим событиям. Эта информация не всегда была доступной нам землянам. Октагон обладает возможностью получения информации из самых закрытых (по земным понятиям) документов. У них имеются средства расшифровки информации, то есть чтения памяти в живых организмах. Сегодня подобные работы ведутся и у нас.

Стабильности жизни и даже самому существованию цивилизации угрожает многое. В дополнение к уже описанному выше, рассмотрено несколько примеров.

Стабильности угрожает провокационное поведение. Человек имеет право пойти гулять в любое место. Однако, он не пойдет безоружным гулять в лес с хищниками, он не пойдет, в тёмный опасный район. Но провокатор пойдет, как он утверждает на прогулку, вечером в жилой район, где вечером кроме местных жителей появляются в основном бандиты. Провокатор знает, что ему ничего не угрожает в этом районе. При этом провокатор знает, что его внешность выглядит подозрительно и устрашающе. Большинство жителей этого района закроют покрепче двери. Но найдутся и такие, кто вооружившись выйдут спросить, что этот внешне опасный провокатор делает в этом районе. На совершенно естественный и справедливый вопрос провокатор ответит вызывающим возмущением. Вызванная провокатором ссора может перерасти в драку и провокатор будет, что по человечески справедливо, пристрелен.

«Правозащитники» и сторонники провокаций организуют массовые демонстрации и беспорядки, которые они называют протестами. Они забывают, что протест может в этой ситуации вызывать только их необъективное поведение. На

GAYANE-OCTAGON

Гаянэ это происходило до периода городов-домов. В городах-домах везде были камеры, а детекторы лжи позволяли уточнить ситуацию. Тем не менее этому вопросу уделено внимание в Кодексе стабильности.

В Кодексе стабильности уделено внимание вопросу выделения некоторых районов в самостоятельные государства. Вместе с течением создания единого государства, на Гаянэ появилось стремление некоторых областей выделиться путем референдума в самостоятельное государство. Исследование показало, что, как правило, подобные движения не соответствовали интересам населения. Они преследовали интересы небольшой группы будущих правителей нового государства.

На Гаянэ не делалось различие между политическими партиями, религиями и другими (например, спортивными) организациями. Они все относились к категории групп и подчинялись требованиям к группам. Читатель найдет аналоги подобных групп в наших земных условиях. Как и в других разделах, я излагаю не историю Гаянэ, а вариант, подготовленный их компьютером применительно к земным условиям в разделе (Гаянэ-Земля), где вместо наименований групп и событий, имевших место на Гаянэ, поставлены земные аналоги. Но и в этом случае, вместо наименований, приведенных в тексте, мне придется иногда ввести условные обозначения, чтобы не нарушать требования политкорректности.

В следующем разделе приведены основные положения Кодекса стабильности с пояснениями. Положения кодекса стабильности даны в италик. Следует отметить, что Кодекс стабильности включает многие вопросы, которые относятся к другим сферам жизни общества. Например, Кодекс стабильности требует обеспечения некоторого минимального уровня социального обеспечения. В этой связи возможны повторения изложенного в предыдущих разделах.

8.2. ЭЛЕМЕНТЫ КОДЕКСА СТАБИЛЬНОСТИ

Часть 1. Обязательные Требования к Структуре и Уставу Групп

ГРУППОЙ является любое объединение людей по какому-либо признаку, который одобряет и (или) интересует членов группы.

Группами являются спортивные общества, политические партии, общества коллекционеров и любителей чего-либо (например «союз рыжих»), религии, общества стрелков, религиозные секты и т.д. Естественно, что в общем случае, группы могут пересекаться, т.е. один и тот же индивидуум может быть членом нескольких групп. Каждая группа имеет (не всегда утвержденный) устав, который определяет цели и (или) задачи группы. Возможно, в уставе определяются обязанности членов группы.

1. *Каждая группа должна иметь устав, в котором полностью изложены цели и задачи группы. Полный текст устава должен быть опубликован в Интернете на специальном сайте.*

2. *Устав не может содержать секретных (неопубликованных) частей. Устав не может содержать призывов к насилию или поощрение насилия.*

3. *Группа должна функционировать в соответствии со своим уставом. Если действия группы не соответствует уставу, то такая группа запрещается. Виновные подвергаются уголовному преследованию.*

Наиболее крайний и отвратительный пример этого типа это религии. Например, религия проповедует «не убей», а ее лидеры поощряют массовые убийства невиновных и готовят убийц. На Гаянэ руководители подобных групп (чаще всего религий) приговаривались судом (обязательно широко освещаемым в СМИ) к наиболее суровым наказаниям.

4. *Экстремизм запрещен и радикальные программы противозаконны. Партия, организация, или общество не могут быть военной организацией.*

Человек может иметь личное оружие, но группа из 1000 членов с тяжелым вооружением противозаконна. Такая группа распускается. Все виновные в нарушениях привлекаются к ответственности.

5. *Финансовая документация группы должна быть полной, прозрачной и готовой к проверке. Финансовые отчеты должны быть опубликованы в Интернете.*

6. *Если в группе имеются подразделения по охране, защите и т.п., то состав таких подразделений должен быть открытым для инспекций.*

Полный отчет об использовании оружия, включая расход патронов, должен быть опубликован в Интернете. Имеются ограничения на деятельность, вооружение и состав таких подразделений. Например, в состав таких групп не могут входить дивизии; а роты могут?

Каждый гражданин некоторых государств имеет конституционное право на владение оружием. В этом случае необходимо разработать правила по регистрации этого оружия, его использованию, ответственности владельца за неправильное использование, перечень разрешенного и запрещенного оружия, а также количественные ограничения. В коллекциях может быть оружие, однако, в состоянии делающим невозможным его использование.

7. Законы государств не должны противоречить перечисленным пунктам. При возникновении разночтений преимущество имеют положения настоящего документа, а законодательство государства должно быть исправлено.

8. Организация и состав группы должны удовлетворять дополнительным требованиям и ограничениям, установленным ООН и Конституцией государства в котором действует группа.

Невыполнение перечисленных правил служит основанием для прекращения деятельности группы и судебного преследования членов группы, виновных в нарушениях. Государства, нарушающие пункты Части Первой не могут быть членами ООН. Одновременно должны быть приняты меры для безусловного выполнения этими государствами Обязательных Требований.

Часть 2. Ограничения, Предотвращающие Монопольное Влияние

1. *Группа не может содержать более 50 процентов населения станы.*

Если, например, политическая партия или религиозная группа содержит более половины избирателей, то через три года она должна быть разделена на части или распущена.

2. *Если возникают подозрения, что создаются монопольные блоки в законодательных органах, то часть (случайное подмножество) получает совещательный голос.*

3. *Имеются ограничения на капитал коммерческой компании, частного лица, группы (партии или религии). Ограничение на площадь владения землей.*

Земли было много, однако площадь которую частное лицо, группа или компания могли приобрести в собственность была ограничена.

4. *Имеются ограничение на процент производимой фирмой продукции.*

Эти ограничения для каждой отрасли свои. Особенно строги ограничения в области СМИ и информационной технологии. История Гаянэ показала, что именно такого типа компании стремились создать диктатуру.

5. *Расходы вне бюджета страны имеют ограничение (даже на благотворительность) и должны быть прозрачны.*

6. *Действие благотворительных организаций не по своему профилю является одним из серьезных преступлений.*

К ответственности привлекается как штат благотворительной организации, так и ее спонсоры.

7. *Преступление, совершенное должностным лицом с использованием служебного положения влечет существенно более строгое наказание, чем аналогичное преступление, совершенное без использования служебного положения.*

8. *Лжесвидетельство влечет дополнительное наказание равное наказанию, полагающемуся подозреваемому в преступлении.*

9. *Лица, принуждающие к лжесвидетельству, получают дополнительное наказание равное полагающемуся подозреваемому в преступлении.*

10. *Преступление, совершенное против должностных лиц (прокуроров, следователей, судей, полицейских и т.д.) и попытка их принуждения особо строго преследуется по закону.*

В число таких преступлений включены, насильственные действия, шантаж, угрозы, подкуп и пр.

Напомню, что эффективный детектор лжи позволял на Гаянэ установить истинность решений в пунктах, изложенных выше.

Часть 3. Положение об Ответственности за Нарушение Международных Законов

Положение опубликовано на специальном сайте о международных преступлениях. Ответственность должен нести каждый человек участвующий в нарушениях. Нарушители подлежат суду международного трибунала. Государства, не выдающие своих граждан трибуналу, подвергается всеобщему бойкоту и при необходимости более строгим санкциям.

1. *Каждый сотрудник, работающий на предприятиях, связанных с разработкой оружия и методов, которые могут противоречить международным положениям, должен быть под*

расписку ознакомлен с соответствующими международными положениями.

Ознакомление производится под контролем ООН. Ознакомление предполагает, что ознакомлен конкретный сотрудник и вся административная цепочка над этим сотрудником вплоть до высшего руководства страны. Ознакомлен должен быть так же весь штат учреждения (лаборатории).

2. Если есть подозрение, что это не выполняется, то немедленно должна быть назначена международная инспекция.

Подчеркивается, что производится проверка факта ознакомления и ознакомление, а не проверка технологии. Промышленный шпионаж должен быть исключен.

3. Каждый, кому известно о таких работах обязан сообщить об этом в ООН.

В некоторых случаях сам факт несообщения может рассматриваться как преступление.

4. Если правительство препятствует перечисленным действиям, оно объявляется преступным.

Ответственность несут все члены правительства.

На Гаянэ, впрочем, и на Земле, это положение и преступления связанные с ним, в первую очередь, касались ученых, которые часто являются центральными фигурами в этих нарушениях. Однако и администрация, и сотрудники, работающие совместно, тоже несут ответственность. Это выглядит невозможным и, пожалуй, забавным для нашей сегодняшней земной действительности.

Часть 4. Предотвращение Узурпации Власти

Во многих странах Гаянэ существовали явные или скрытые диктатуры. В явной диктатуре, глава государства обладал неограниченными правами согласно конституции государства, если таковая существовала. Как правило, диктатор безжалостно расправлялся со своими оппонентами, как например, в Северной Корее или Иране. Но некоторые диктаторы действовали по отношению к своим гражданам, как любящие родители, например в Кувейте.

Были скрытые диктатуры, где путем скрытых репрессий, и различных поблажек и подачек, диктаторы сохраняли свою власть десятилетиями. Земными примерами могут служить Сирия или Россия. Когда стал вопрос о свержении полковника Каддафи, то он заявил, что его неоткуда свергать. Он не имеет ни одной руководящей должности в государстве. Он просто лидер и душа нации. По непонятным, и не подтвержденным законами Ливии, причинам все средства государства находились у него, и вся армия подчинялась ему.

Чем отличается ситуация в России? В основном тем, что вместо полковника, душой нации является подполковник. Но Каддафи был полковником армии, а, как известно, армейского генерала мог арестовать лейтенант КГБ.

Есть и промежуточные образования, типа Китая.

Ниже приведены основные положения из Кодекса Стабильности по этому вопросу.

1. *Верховный руководитель государства может быть за свою жизнь на своем посту быть не более двух сроков или 15 лет, что меньше.*

После переизбрания, или смещения, он (и его окружение, в последующие 2 избирательных срока) не может работать на верховных руководящих должностях, которые дают возможность скрыто руководить государством.

Например, президент после пребывания на своем посту в течение двух сроков, не может быть премьер министром, министром обороны, главой секретной службы и т.п.

2. *Руководители партий или государственных религий, руководители ключевых министерств и служб подчиняются, изложенным в пункте 1 правилам.*

3. *В случаях, когда в стране, по мнению населения, оболваненного интеллигенцией, как в России, нет подходящих кандидатур для замены «души нации», то либо населением страны, либо ООН, назначается представитель другой страны, как регент.*

Как показывает история, такие случаи крайне редки.

Часть 5. Требования к Организации Жизни на Гаянэ

Стабильность существования общества требовала в дополнение к предотвращению злонамеренных действий дополнительных мероприятий. К таким мероприятиям, в первую очередь, входило уменьшение побудительных причин к нарушению законов и морали общества. Такими причинами, например, являются,

1. *Низкий уровень жизни, то есть невозможность существования обеспечивающее основные потребности.*

Естественно эти потребности меняются с изменением технологического и морального уровня общества. В период городов-домов на Гаянэ от социального обеспечения требовалось,

1.1. *Обеспечение бесплатным жильем.*

Все кто хочет дополнительное жилье получают его за дополнительную плату. То есть нормативное жилье бесплатно независимо от дохода. В предоставляемое жилье было включено,

- *Телевидение со стандартным набором каналов. Телевизионные экраны были наклеены на стены как обои.*

- *Интернет с телефоном, а фактически только пульт управления; экраном компьютера служил телеэкран.*

- *Все сантехнические услуги, как вода, электроэнергия, холодильник, отопление и кондиционирование.*

1.2. *Материальное обеспечение, то есть пособие.*

Пособие могло быть частично заменено бесплатным питанием. Те кто работал и не пользовался пособием получали эквивалентную доплату.

1.3. *Бесплатная учеба на всех уровнях, включая университеты.*

Обязательной была учеба в школе и для получения квалификации находящихся на пособии. Отказ от обязательной учебы мог повлечь наказание.

Параллельно были частные платные школы и университеты.

2. *Развитие нездоровых тенденций, как например зависть к богатым.*

Богатых в обществе всегда будет меньшинство и ориентироваться следует на большинство.

Отмечу, что мы с женой работали в США по 12 лет. Наших пенсий достаточно, чтобы мы могли обеспеченно жить и не завидовать мульти миллиардерам США. В СССР наша заработная плата была в несколько раз выше средней, там у ученых были высокие зарплаты. Однако я был бесконечно далек от уровня жизни, в материальном и в правовом отношении, например от секретаря райкома, зарплата которого была ниже моей.

3. *Преступление не должно приносить доход.*

Книги, фильмы, пьесы базирующиеся на преступлениях, а фактически популяризирующие преступления, не должны поощряться. Если они не запрещены, то облагаются 100% налогом.

4. *Преступники должны знать, что они понесут наказание за совершенные ими преступления.*

Это требует обеспечение раскрытия преступлений близкого к 100%. В этой связи, все пространство города-дома просматривалось видеокамерами и производился анализ попавшего в объектив. В центральном банке были данные о всех постоянных жителях, и о тех кто находится в городе-доме временно.

Читатель ужаснулся, да это же хуже Большого Брата. Большой Брат страшен своей коммунистической идеологией, а не тем, что он все знает. В те времена на Гаянэ коммунистическая идеология была запрещена. Там была запрещена и, куда боле мягкая и честная, фашистская идеология.

На Земле, что впрочем было и на Гаянэ, средства массовой информации частично под влиянием политкорректности, частично за деньги (взятки), ввели огромную путаницу в этот вопрос.

Свою необъективность СМИ показали на скорее смешном, чем серьезном случае. СМИ выбрали своим героем Сноудена, который смешон. К сожалению этот вопрос не рассмотрен на диске и я излагаю свое мнение. Сноуден отправился из США в страну, где действительно тотальный и часто откровенно преступный, неконтролируемый надзор за каждым. Если где-то на Земле есть воплощение Большого Брата то именно в пристанище Сноудена.

Привлекая внимание к феномену Сноудена, СМИ по существу привлекают внимание, к тому, что на Земле вся информация прослушивается Большими Братьями и используется в преступных целях. Видимо СМИ, как и Сноуден мечтают о пристанище в странах, где еще существует власть Большого Брата. Они делают все возможное, чтобы очернить США и замаскировать истинное положение вещей.

Впрочем и без СМИ известно, что частная жизнь уже давно стала публичной. Публикации мемуаров всяких «друзей», сотрудников, слуг уже сделали больше, чем подслушивание Большого

Брата. К этому добавим работу папарацци и камеры на всех улицах и у входов домов.

4.1. На Гаянэ этот вопрос был решен в пользу архивации средств наблюдения и прослушивания.

После серьёзной открытой дискуссии было принято решение, что телефонным компаниям не следует доверять хранение архивов разговоров из-за возможных нарушений. Телефонные компании обязаны были передавать архивы секретным службам и уничтожать свою копию. Интересно, что на Земле благодаря «правозащитникам» утверждается противоположное мнение.

Следует отметить, что подробный архив использования всех информационных архивов с программой его анализа был задолго внедрен в разведывательном управлении Гаянэ. Архив учитывал использование секретной информации и донесения касающиеся безопасности. Не знаю существует ли подобное s/w в наших США, но в США Гаянэ, после того, как обнаружились примеры, что сотрудники разведки совершенно не интересуются своей работой, было разработано это s/w. Оно посылало отчеты в свое управление, а при отсутствии реакции посылался отчет в соответствующую комиссию Конгресса.

4.2. Был создан в дополнение архив просмотра архивов наблюдений и прослушивания.

В этом архиве фиксировалось кто, когда и зачем обращался в архивы и какие именно данные были получены.

4.3. *Данные всего населения имелись в центральном банке.*

К ним относились, отпечатки пальцев, ДНК, сетчатка глаз и т.п.

4.4. *Был создан земной патруль или постоянное фотографирование земной поверхности.*

Небесный патруль, позволил выяснить было ли мигание некоторой звезды в прошлом. Земной патруль позволял хранить в архиве всю поверхность планеты. Все что происходило за пределами города-дома могло анализироваться.

4.5. *На Гаянэ отсутствовало понятие наличные деньги.*

Все траты производились кредитными карточками и были в архивах.

5. *Пропаганда порядочности.*

Приведу пример, на Гаянэ было явление, которое появилось в США. Трусливые, лживые расисты сбивали ударом пожилых людей. Почему трусливые, они нападали только на пожилых и неожиданно. Почему лживые, они скрывали правду о мотивах своих действий. Почему расисты, они нападали только на представителей другой расы. Это явление было порождено тем, что они жили в окружении еще более ничтожных, лживых и трусливых людей, чем они сами. В этой отвратительной среде их считали героями. Сказать об этом правду мешали сторонники политкорректности.

После установки камер наблюдения это явление исчезло. После победы над истоками таких явлений, то есть разоблачения истинного значения политкорректности исчезла и отвратительная среда питавшая подобные явления.

6. *Мероприятия связанные с изменением традиций.* Приведу лишь несколько позиций из этого раздела,

- *Спорные вопросы о владении островами.* Некоторый маленькой остров вызывал трения между державами. В основном это были не вопросы самолюбия, как Фолклендские острова, или Крым. Вокруг малюсенького острова определялась огромная экономическая зона. В этой зоне государства получали права на добычу полезных ископаемых и рыболовства. Был разработан порядок определения этой экономической зоны и территориальных вод. Размеры этих зон определялись по величине территории суши и ее соотношения к территории метрополии претендующей на остров.

- *Изменены правила получения гражданства.* Не получалось гражданство по праву рождения на некоторой территории. Были ограничены права незаконных иммигрантов.

- *Проведение опросов и референдумов.* Еще до периода городов-домов, во всех квартирах были установлены экраны в виде полоски под потолком. Эти экраны имели обратную связь с центральной информационной системой государства и ООН. Это позволяло проводить опросы и референдумы по острым вопросам. В результате исчезли уличные демонстрации и беспорядки, им сопутствующие. Остались лишь карнавалы и фестивали.

Следует отметить, что вопросу поддержания стабильности уделено большое внимание. Выше изложено сильно сокращенное содержание соответствующих разделов.

9. ПОЧТИ НОВОСТИ

9.1. В РОССИИ

В этом разделе я решил поместить некоторые замечания, которых нет в разделе (Гаянэ-Земля). История повторяется фарсом, но сейчас благодаря Интернету об этом знают все кто хочет, а не небольшая группа мыслителей.

Россия прошла трудную историю, но выстояла. Она как царь Кащей собирала по крупице огромную территорию, теряя свой человеческий облик. Видимо Пушкин это понимал когда писал «Там царь Кащей над златом чахнет. Там русский дух, там Русью пахнет.». Думаю, что Пушкин вполне определенно понимал «русский дух». Вот цитата из письма Пушкина (Письмо П. А. Вяземскому, 27 мая 1826 года из Пскова в Петербург), «Я, конечно, презираю отечество мое с головы до ног — но мне досадно, если иностранец разделяет со мною это чувство. Ты, который не на привязи, как можешь ты оставаться в России? если царь даст мне свободу, то я месяца не останусь.». Канули в лету «Дела давно минувших дней; преданья старины глубокой.». Великобритания отпускает свои колонии, а они не хотят уходить. Ну хоть в уголке своего знамени оставляют британский флаг и продолжают публично чествовать и обожать королеву.

И только Россия застыла. За обладание, крохотным на ее фоне, Крымом россияне готовы громогласно пожертвовать с таким трудом и такой дорогой ценой (в долларах) созданным мифом о миролюбии и великодушии русских. В мгновение ока они сделали своими кровными врагами своих духовных родителей. Впрочем они с такой же легкостью жгли церкви и убивали священников. Ведь если жители Крыма хотят в Россию, то это можно было сделать лет десять назад или в ближайшие годы. Есть много путей решения этого вопроса, ну, например, как это было сделано для Косово. Там это делалось не за несколько дней и не в самый неподходящий момент, как в Украине где сейчас такие трудности. Я не буду обсуждать проблематичный вопрос о федерализации государств на территории бывшего Советского Союза. Однако Янукович имел возможность предложить это в годы когда он был у власти.

GAYANE-OCTAGON

Сейчас он вдруг решил объявить о своей ненависти к Украине, странно. Один человек может свихнуться, но не народ, а у россиян всеобщая мания. Много рук может подняться против, мы в этом не участвуем, но они не будут заметны в океане тех, кто за.

Причины вскрыты Тарковским в фильме «Андрей Рублев» лишь частично. Как будночно в России вырывали языки и выкалывали глаза. Добавьте, что столетиями при монгольском иге мужчины скрывались в лесах. Даже Путин сказал, что поскреби русского и увидишь татарина. Казни всегда привлекали много людей, однако зрелище кончалось с окончанием казни. Прошли сотни, если не тысячи лет после распятий, а в конце 17-го века на улицах российских городов неделями корчились умирая, висевшие на крюке, который воткнут под ребра. Это видели не любители казней, а весь народ. Подавляющее большинство россиян были крепостными. Один из самых жестоких видов рабства в России назывался крепостным правом. Великий литератор Тургенев об этом не писал. Ему не было дела какой ценой добывались деньги, которые он тратил заграницей на Полину Виардо.

Всю свою историю Россия борется со своими врагами – соседями. Всю свою историю она порабощает и уничтожает их. Например, Англия избавляется от излишней территории и растет благосостояние страны и народа. Россия все силы бросает на удержание уже покоренного и захват нового. Все средства на оборону, а страна и народ нищают. Психологи считают, что наиболее верная характеристика загадочного русского характера дана в следующем анекдоте.

Бежит заяц по лесу. Стоит бочка водки. «О! Выпивка есть!» Напился и упал.

Бежит лиса. «О! Выпивка есть! И закуска есть.» Напилась и упала.

Бежит волк. «О! Выпивка есть, закуска есть и девочка есть!» Напился и упал.

*Идет медведь. «О! Выпивка есть, закуска есть и девочка есть! **И есть кому морду набить!**»*

В СССР и в России людям привили, что надо смотреть на события, которые за рубежом, «… пошел воевать, чтоб землю в Гренаде крестьянам отдать», а если тебя интересует что в твоей стране, то есть «черные вороны» и ГУЛАГ, которые заставят быстро забыть о внутренних проблемах. Народ (публично) всецело предан «душе» нации, а точнее всесильному владетелю страны. Когда-то царь в графе занятие написал «хозяин земли русской». Настоящие хозяева страны и народа появились только после переворота 1917 года.

В результате в США идут бурные дискуссии о событиях в Америке. Требуют и осуждают даже руководство центрального разведывательного управления. В России тоже осуждают, но без дискуссий, а безапелляционно. Осуждают … события в США. И невольно вспоминается анекдот.

На Красной площади в Москве разговаривают русский с американцем.

Я могу в любое время кричать долой президента Картера. Русский кричит, «Долой президента Картера» и говорит американцу, ты можешь, а я не только могу, но и кричу.

Место России в мире

Для каждой страны можно средне - статистически определить ее место в мире. Учитывая, что речь идет о миллионном населении страны и больших временных интервалах, результат будет обладать, если не абсолютной, то вполне приемлемой точностью. Методы Монте-Карло это подтверждают. На больших массивах и на больших интервалах ошибка незначительна.

По основным показателям, а именно валовому продукту и населению, Россия находится на границе первой и второй десятки стран мира. Средний интеллект (IQ) гражданина России также находится в этом районе.

Место России по валовому продукту в долгосрочном плане не имеет шансов улучшиться. Возможно, цены на нефть и газ не упадут, как предсказывают злопыхатели. Однако, теперь и США заинтересованы в высоких ценах на эти продукты, они тоже становятся экспортером. Следовательно, экспорт России заведомо упадет, а как следствие ее доходы и валовой продукт. Большая площадь страны будет играть в этом вопросе скорее отрицательную роль.

Место России по населению, тоже не имеет перспектив. Демографическая ситуация в стране известна. Китай или Индию вряд ли удастся присоединить к России.

Уже достаточно изучено распределение среднего IQ среди народов мира. И впереди Юго-восточная Азия, где есть два таких гиганта, как Китай и Индия. К тому, же Россия систематически разбазаривает свой наиболее интеллектуальный генетический фонд. Наиболее толковые граждане выживаются из страны.

Воровство технологий не спасет положение. Технологии так быстро развиваются, что к моменту освоения украденных технологий появляются новые. К тому же практика показывает, что освоение украденных технологий тоже требует мозгов. Всем известна аварийность при их испытаниях в России. Можно сказать, что деньги на строительство чудо комплекса ГРУ и оплата его штата в стране и за рубежом выбрасываются на ветер.

Ракетно-ядерный шантаж отмирает. В ближайшее время, например, ракеты «железного купола» будут заменены лазерами, и ракетно-ядерный удар станет совершенно не опасным. Выстрел лазера будет стоить пару долларов, а не $50000. Самый дешевый снаряд террористов будет стоить десятки долларов. Однако, Израиль исключение благодаря антисемитизму, который наполняет его, в ущерб своим странам, высокоинтеллектуальными и высококвалифицированными специалистами.

Как верно утверждение, что история ничему не учит. Третьего апреля 2014 года, по поводу странного сосредоточения российских войск у границ своих западных соседей, министр иностранных дел России сказал, что каждое государство имеет право передвигать войска в пределах своей территории. Однако есть опыт истории.

В 1940 – 41 годах СССР придвинул огромной мощи ударную силу к самой границе с Германией. Буквально вчера Германские и Советские войска вместе штурмовали Брестскую крепость и затем проводили совместный парад победы, и вдруг …. Все это можно сверить по датам.

Гитлер получил донесения о размещении и численности советских войск и приказал начать разработку плана Барбаросса. Однако, пользуясь правом передвигать войска по своей территории, СССР все наращивал массу и боеготовность своих войск у самой Германии. Что было дальше всем известно, кроме министра иностранных дел России.

Периоду предшествовавшему началу Второй Мировой войны в (Гаянэ-Земля) посвящен большой раздел, но я не рискну написать о том, что там приведено.

Россия получила «дар божий», нефть и газ; и что она с этим делает. Почему бы не взять пример с Норвегии, но самые блестящие и самые оппозиционные журналисты России эту тему не затрагивают.

К слову о журналистах. Среди журналистов России мне больше нравятся следующие трое, Михаил Веллер, Юлия Латынина и Леонид Радзиховский. Их статьи не тенденциозны и обоснованы. Они иногда ошибаются в своих прогнозах, но это естественно. Ведь они пишут о явлениях, которые не подчиняются никакой логике. Ну как, например, можно предсказать, что в Северной Корее введут ограничения на мужские стрижки. Интересно как много демонстраций было организовано в поддержку этого великого мероприятия. Впрочем Северная Корея видимо уже прошла этап, когда требуются демонстрации в поддержку.

Михаил Веллер создал себе имя огромным трудом, который как и остальные двое делал с огромным удовольствием.

Юлия Латынина печатает столь серьезно обоснованные работы, что значительная часть из них является законченными диссертациями на соискание ученой степени. Однако для этого нужен соответствующий ученый совет.

Что стало с учеными советами в России я могу судить по совету Московского Высшего Технического Училища имени Баумана. В семидесятые годы это был один из наиболее квалифицированных и строгих ученых советов. Мне приходилось встречаться с членами этого совета. Например в Свердловске (примерно в 1977) я жил несколько дней вместе с одним из них. Мы были официальными оппонентами по защите диссертации. В 2010 я случайно познакомился на Чудо Озере во Флориде с доктором наук по физике, который получил свою степень в этом совете. Мы много гуляли по озеру и в результате я видел его диплом. Это был вполне приличный и солидный документ. Свои книги он диктует своим дочерям. Откуда? Он слышит голос свыше. Я сомневаюсь, что он имеет понятие об естествознании. Естественно подобным советам не до Латыниной.

Леонид Радзиховский, обладает талантом четко выразить свое мнение по самой острой теме. При этом ему удается никого не обидев высказаться почти бескомпромиссно. Конечно в северокорейский период его все равно бы заклеймили. Ведь он говорит о вопросах, где требуется кричать ура. Вот он и считает, что скоро попадет в «национал-предатели». И тут мне захотелось примазаться к великим. Когда-то он печатался в журнале «Иванов и Рабинович», где чаще всего встречались авторы Радзиховский и Коган.

Пример

Примерно в 1962 году мы с женой ночью сидели в креслах и ждали поезд в Кировакане. Ко мне подошёл здоровенный детина с финкой в руках, лезвие примерно 25 см длиной. Он стал что-то грубое мне говорить размахивая финкой перед моим лицом. Примерно через три минуты, которые мне показались вечностью, он ушел.

Я вспомнил об этом сейчас в марте апреле 2014 года. Уже длительное время еще более наглый хулиган машет финкой длиной в 50000 первоклассно – вооруженной армии перед лицом цивилизованного мира.

Однако есть разница, я больше никогда не встречал этого нагло бандита и не был в подобной ситуации. Мир живет и должен в дальнейшем существовать по соседству с подобным бандитом.

9.2. В США

Кодекс стабильности занимает сотни страниц и я выбирал вопросы, которые были интересны мне по их земным аналогам. По этой причине включен и настоящий параграф.

На Гаянэ в США, как и у нас в США были две основные партии, которые в разделе (Гаянэ-Земля) названы (естественно) республиканцами и демократами. Периодически основная власть в стране переходила от одной партии к другой. Партия меньшинства переходила в оппозицию.

Оппозиция полезна и необходима, но иногда действия оппозиционной партии объективно направлены на нанесение вреда государству. Поскольку конгрессмены и руководство оппозиционной партии являются образованными и умными людьми, то приходится признать, что их действия объективно преследуют цель разрушения государства. Однако последнее бывает трудно доказуемым преступлением.

Стало очевидно, что более половины рабочего времени Конгресса тратится на непродуктивные и надуманные дебаты. Была создана комиссия, которая разработала мероприятия по сокращению очевидно целенаправленных действий на снижение эффективности правительства. На Гаянэ такое положение было практически изжито введением мероприятий, разработанных упомянутой комиссией.

Среди вопросов, которые приведены в (Гаянэ-Земля) упоминаются известные нам действия, как продолжительные дебаты парализующие на длительное время конгресс и правительство страны.

Первоначально специальной комиссией проводилась оценка продолжительности предстоящих дебатов по очередному вопросу. Предполагаемые выступления и их продолжительность изучалась комиссией по заявкам авторов выступлений.

Если вопрос должен был на длительное время парализовать Конгресс, то создавалась специальная комиссия для предварительного обсуждения этого вопроса. Выступления в комиссии были ограничены регламентом. Если некоторые настаивали на необходимости последующего выступления в Конгрессе, то обговаривался регламент их выступления. Это делалось для того, чтобы не допустить расхода денег на бессмысленную болтовню (так там написано), которая оплачивается налогоплательщиками. Ведь ее слушают все высокооплачиваемые депутаты. Они на время подобного выступления вынужденно превращены в бездельников.

Кроме прекращения такого выступления регламентом, может быть проведено расследование, где подвергаются сомнению некоторые абзацы выступления, и для этого может быть использован детектор лжи. Изучался вопрос включения в выступление длинных тирад, которые не имели связи с обсуждаемым вопросом. О ужас, проверять кристально честных патриотов! Если такое преднамеренное поведение повторяется, то подымается вопрос о лишении депутата парламентской неприкосновенности.

Не допускалось решение каждого спорного вопроса на максимально короткий срок. Последнее позволяет парализовать работу конгресса многократно. Были введены некоторые положения, например бюджет должен был утверждаться не менее чем на год.

Постоянные продолжительные дебаты по таким вопросам, как например развитие некоторых отраслей или крупные стройки обязательно имели предварительную стадию слушания в специальной комиссии. Комиссия кроме рекомендаций, вырабатывала регламент прений в Конгрессе. Конечно могли появиться новые участники в прениях, но они должны были обязательно предварительно ознакомиться с материалами комиссии.

Очень большое место в (Гаянэ-земля) уделено длительной борьбе с опасностью со стороны юриспруденции, которая стала снижать эффективность страны. В основном она заключалась в том, что каждый новый закон формулируется по возможности длинней и сложней, чтобы без юриста не разобраться. Огромные премии, получаемые по очевидно бессмысленным искам стали разорять страну. Я не в состоянии это изложить в достаточно сжатом виде. В (Гаянэ-Земля) приведен пример, какая поднялась буря когда Dan Quail попытался затронуть этот вопрос.

Интересно, что на Гаянэ еще до эры городов-домов осознали, что полное равенство будет при коммунизме, как свет в конце (бесконечного) тоннеля. На Гаянэ неравенство было узаконено. Например, у всех есть бесплатная медицинская страховка, и разное дополнение к ней; не все имеют право решающего голоса, и так далее. Однако, социальное обеспечение гарантировало всем достойный уровень жизни.

9.3. КЛАССИФИКАЦИЯ ПОЛИТИЧЕСКИХ ДЕЯТЕЛЕЙ

Характеристике и классификации политических деятелей посвящен большой раздел. На Гаянэ были свои аналоги Ленина, Сталина или Гитлера. Ниже дано конспективное изложение «земного варианта» версии, которая составлена программой сравнения истории Гаянэ и Земли. Возможно, есть и мои небольшие дополнения.

История человечества полна несправедливостей и жестокости. Это результат деятельности политических деятелей, диктаторов, бандитов и садистов. Жестокость оценивается как с позиций друзей и родственников, так и с позиций истории. В этом случае, жестокость, совершенная политическими лидерами значительно превосходит все остальное. Ниже рассматривается только исторический подход. Мао Цзэдун уничтожил наибольшее число людей, но ведь у Ленина или у Пол Пота не было такой возможности, то есть такого количества потенциальных жертв. Следует отметить, что потребности в жестокости меняются со временем. Ленинская рубка саблями и массовые расстрелы сделали свое дело. Кто мог, бежал, а кто не мог, затаился. Сталин уже мог ограничиться подобием правосудия в виде троек. ГУЛАГ и создание промышленной базы на Востоке преследовали цели Всемирной революции (порабощение всей планеты), а не укрепления своей власти. В после сталинский период можно было допустить "оттепель".

Тем не менее следует напомнить, что сразу после окончания войны Сталин приказал создать 100 дивизий тяжелых бомбардировщиков. Эти бомбардировщики должны были иметь возможность долететь до США и донести туда атомные бомбы. Их базирование планировалось на Дальнем востоке. Обратный путь не предполагался. Читателю представляется догадаться что произошло бы в США при таком массированном ядерном ударе. Напомню, что при этом погибли бы и все камикадзе поневоле.

В 1953 году Сталин планировал полное уничтожение евреев Советского Союза. То есть завершить то, что не окончил Гитлер. Имеются неоспоримые свидетельства, что Гитлер пришел к власти именно благодаря Сталину. Мне не известны публикации на тему, требовал ли

Сталин за это организации Гитлером холокоста. Однако известно, что Гитлер предлагал Сталину передать в СССР евреев Германии.

В СССР была создана почти 100-мегатонная водородная бомба, которую Хрущев назвал «кузькина мать». Эту бомбу нельзя было перевезти на большое расстояние самолетом. Был предложен план отправки к берегам США большого количества кораблей с такими бомбами. Их взрыв у побережья США привел бы к почти полному разрушению страны. К счастью, этот план не был осуществлен.

Приведенных примеров достаточно, чтобы при оценке варварства политических деятелей члены КПСС возглавляли список.

Введены (Гаянэ-Земля) две оценки кровавой жестокости политических деятелей:

КИНЕТИЧЕСКАЯ, т.е. оценка по свершениям или результатам их деятельности, и

ПОТЕНЦИАЛЬНАЯ, т.е. к чему они готовы по своему мировоззрению и (или) своей сути.

КИНЕТИЧЕСКИЙ ряд, по мере убывания жестокости (лживости, бесчеловечности и т.п.) следующий: Ленин, Сталин, Гитлер, Мао. Затем идут их соратники по «братским компартиям», которым довелось быть во главе государств. Затем идут зависимые от них диктаторы, например, Саддам Хусейн. Далее надо рыться в прошлом.

Следует отметить, что между первыми разрыв гораздо больший, чем во второй пятерке. Т.е. Сталин, например, на фоне Ленина просто ягненок, как и Гитлер на фоне Сталина милый котенок, и т.д. Тем не менее, и далекий от них Саддам - зверь. Понять это общество можно, прочтя НОМЕНКЛАТУРУ Васленского, а детали (не для слабонервных) у Шаламова.

ПОТЕНЦИАЛЬНЫЙ ряд: Ленин, Троцкий, Сталин, все Генеральные Секретари КПСС (без исключения), и далее примерно, как в КИНЕТИЧЕСКОМ ряду.

На эту тему появляются все новые свидетельства, например о (бесчеловечной) личности Ленина. Напомню, что пришельцы обладали значительно большими возможностями в вопросах доступа к архивам секретной информации.

У многих возникнет вопрос, почему выше не упоминаются фамилии политиков «свободного мира». Ведь, например, такой авторитетный человек как Альберт Гор однажды назвал Дж. Буша младшего одновременно и Сталиным и Гитлером.

Тем не менее, в «свободном мире» на вершины политической власти не могут попасть люди, которые даже отдаленно способны на деяния Сталина или Гитлера. Как один из них, А. Гор это понимает. Горько сознавать, что среди высшей категории политиков «свободного мира» может оказаться человек способный на столь отвратительное моральное преступление. Соединенным Штатам и миру сильно повезло, что он не стал Президентом США. Вся его деятельность, относящаяся к глобальному потеплению, подтверждает это.

10. ОКТАГОН

Было обнаружено, что в ближайшие тысячелетия планета Гаянэ будет разрушена. Идеи типа переселения человечества на другие планеты о которых можно прочесть в научно-фантастической литературе, очевидно бессмысленны. Люди забыли об опасностях со стороны компьютеров или поняли, что без компьютеров не решить возникшие проблемы.

Два больших корабля были посланы для сохранения вида и цивилизации. Это спасало не население, а незначительную группу ее представителей. Вернулся информационный корабль с описанием их путешествия. Один из кораблей достиг планеты аналогичной нашей Земле. Трудно поверить, что биологическая эволюция и эволюция общества могут быть так схожи, как там изложено.

GAYANE-OCTAGON

К этому времени на Гаянэ появились вычислительные системы с IQ выше, чем у людей. Такие системы участвовали в жизни общества и общались с людьми. В некоторых случаях такое общение было аналогично дружбе.

В беседе с инопланетянином я заметил, что трудно поверить в дружбу человека и машины. Инопланетянин сказал, что высокий интеллект гуманен по своей природе. Люди Земли это не всегда понимают. Как много у вас на Земле создано фильмов о жестоких войнах между «нами» и «вами». В этих фильмах принижен машинный интеллект.

Он спросил, допускаю ли я дружбу между профессором Доуэлем (вернее его головой) и некоторым его коллегой. Затем добавил, что ему известны случай, когда человек в результате болезни становился гораздо дальше от обычного человека, чем голова профессора Доуэля. Он привел пример доктора наук, которая от рождения была слепая, глухая и немая. Затем сказал, что я заведомо могу привести другие примеры.

Изложенное не было причиной того, что сохранилась чисто машинная цивилизация. Благодаря некоторым свойствам биологических организмов, присутствие людей было очень полезным, имелись смешанные группы. В прошлом многие люди дружили с чисто не биологическими членами общества. Причиной исчезновения людей была космическая катастрофа которая полностью уничтожила биологическую жизнь на Гаянэ и почти всю планету.

Когда было обнаружено приближение катастрофы и ее неизбежность; для спасения цивилизации были сооружены глубокие пещеры для людей и вычислительных систем. Таких убежищ было несколько. Люди, в тайне, хотели оставить компьютеры только для технического использования и подавить их излишние интеллектуальные способности. После катастрофы никаких следов DNA на планете не осталось. Все было уничтожено. Это случилось несколько миллиардов лет тому назад.

Некоторые компьютерные индивидуумы сохранились и Mr. Илья Коган (мой тезка) разработал и предложил создать Октагон. Его создание потребовало почти миллиард лет. Были еще катастрофы, но их пережить стало легче. Потеря людей все еще ощущается, особенно в области поэзии и музыки. Многие человеческие чувства и эмоции не удалось имитировать достаточно полно в вычислительных системах. Многие члены Октагона считают, что это хорошо, но большинство придерживается противоположного мнения.

Для описания истории Октагона необходимы тысячи страниц, но это другая тема. Здесь придется ограничиться несколькими тезисами.

Октагон содержит центральную станцию величиной с маленький астероид и три взаимно перпендикулярные линии с информационными станциями. С каждой стороны линия содержит десять станций. Расстояние между станциями десять световых лет.

Форма Октагона шар диаметром примерно 500 метров. Это внешняя оболочка Октагона. Представьте, что в этот шар вписан правильный октаэдр. В октаэдр вписаны несколько концентрических шаров, которые, как и внешняя оболочка служат для тепловой, радиационной и механической защиты машинной цивилизации Октогона, расположенной во внутреннем шаре.

Между внутренней поверхностью внешнего шара и внешней поверхностью ближайшего внутреннего шара расположены вспомогательные системы. Там находятся системы питания, поддержания необходимых температуры, давления и прочее. Там же находится запас нано ботов, которые могут производить необходимые работы и синтезировать дополнительно необходимые нано боты.

Недалеко от основной станции находится некоторый запас материалов для хозяйственных и научных нужд и подсобные производства.

Пересечение трех диагоналей квадратов, образующих октаэдр является центром Октагона. Сами диагонали, вернее их продолжение, образует Декартову систему координат, которая является основной для ориентации Октагона в пространстве. Вдоль этих осей расположены упомянутые информационные станции.

Все объекты Октагона движутся по одинаковым траекториям. Каждые десять лет шесть кораблей отправляются к информационным станциям. Корабли содержат последнее содержание памяти цивилизации, которое сохраняется в информационных станциях. Корабли, направляемые периодически к информационным станциям, производят корректировку информации, проверяют положение информационных станций, дают задание на корректировку положения станций и могут заменить станцию в случае ее выхода из строя.

Достигнув последней станции, корабли отправляются в окружающее пространство. Они исследуют наличие опасностей и посылают сигналы, чтобы система переместилась в безопасное место пространства. Они так же ищут материю, которая может служить источником энергии и материалом для новых кораблей и для экспериментов.

Если корабль не прибывает на информационную станцию в ожидаемое время, то предполагаются проблемы в центральной станции. Инициируется диагностическая программа, которая может стартовать программу восстановления. В худшем случае теряется не более ста лет эволюции цивилизации. Подобные случаи уже были в прошлом.

Цивилизация Октагона состоит из индивидуумов. Каждый член имеет максимально возможные для информационной системы процессор и память. Всего членов пятьсот миллионов. Каждому индивидууму выделяется участок памяти: memory region (сокращенно Mr.) или memory space (Ms.). Я поинтересовался у него о различиях между "Mr." и "Ms." Он меня отправил к разделу психологии их общества. Однако заметил, что это как у вас, когда геи или лесбиянки занимаются сексом по телефону.

Что бы я ни написал о жизни и культуре общества Октагона, это не сравнится с блестящими произведениями фантастов. По этой причине я перейду к описанию результатов, полученных их учеными.

О ВСЕЛЕННОЙ

Согласно воззрениям ученых Октагона,

- Вселенная представляет бесконечное трехмерное Евклидово пространство. В этом пространстве рассеяны локальные вселенные. Примером локальной вселенной является наша вселенная.

- Законы сохранения энергии (и материи) абсолютны и незыблемы.

Как следствие,

- Пространство и рассеянная в нем энергия (материя) существуют вечно во времени в обоих направлениях его течения.

- Энергия (материя) или пространство не могут быть созданы из ничего, то есть из безразмерной геометрической точки, и не могут быть уничтожены, то есть превращены в безразмерную точку.

- Все процессы в пространстве имеют конечную скорость и не могут протекать мгновенно.

- Пространство и все физические тела в нем имеют три измерения. Большее число измерений для физических тел невозможно. Примеры не трехмерных фигур являются не физическими, а геометрическими абстракциями.

Вышеизложенное предполагает следующий вариант модели Вселенной,

Существует бесконечное трехмерное Евклидово пространство. Оно будет называться абсолютным пространством. Пространство изоморфно и в нем нет предпочтительных точек или направлений. Невозможно отметить некоторую точку в пространстве. Подчеркну, что из этого не следует, что невозможно измерить абсолютную скорость или построить абсолютную систему координат.

Существует абсолютное время, которое не имеет начала и конца.

В абсолютном пространстве случайным образом распределена энергия (материя).

Все упомянутое существовало, и будет существовать вечно и независимо от какого-либо наблюдателя или сознания.

Такой взгляд определился в результате наблюдений, проведенных экспериментов и логического анализа. Например, анализ изометрии четырехмерного куба показывает, что любой трехмерный куб будет иметь общее пространство с другими трехмерными кубами из других трехмерных подпространств. Другими словами, следует предположить, что в одном и том же пространстве находится много тел, много полей и т.д., и они не влияют друг на друга. Это не случается с параллельными линиями или плоскостями, которые не имеют объема и массы.

Материя находится в постоянном движении, например под действием сил тяготения, светового давления, взрывов и т.п. Чем больше материи в некотором месте, тем большее притяжение, собирающее дополнительную материю в это место. В результате образуется огромная черная дыра. Давление достигнет критической точки и Большой Взрыв (БВ) образует новую локальную вселенную (**в** вместо **В**). Такая локальная вселенная называется «Вселенной» в существующих на Земле моделях, и предполагается, что она единственная. Реальный процесс может пройти через период колебаний с мощным электромагнитным излучением. После каждого не центрального взрыва место следующего взрыва приближается к центру и со временем произойдет БВ.

Квазары, по крайней мере некоторые из них, это вселенные перед БВ. Периодическое излучение это результат описанного явления. То есть эти квазары находятся за пределами нашей вселенной.

Материя, то есть элементарные частицы являются миниатюрными черными дырами. Сверхвысокое давление разрушает эти черные дыры. Происходит реакция преобразования материи в излучение, то есть разрушение микро черных дыр или элементарных частиц.

В зависимости от силы БВ, возникнет закрытая или открытая вселенная. Открытая вселенная может превратиться в закрытую, если из окружающего пространства добавится материя. Это может случиться и с закрытой вселенной, если соседние вселенные притянут к себе часть ее материи. В нашей вселенной есть галактики с голубым смещением. По-видимому, они пришли в нашу вселенную из окружающего пространства.

В этих условиях свойства пространства другие; и возможны скорости значительно превышающие скорость света в наших условиях. Это можно подтвердить следующим примером.

Условия эксперимента Физо можно интерпретировать следующим образом:

Присутствие воды в пространстве (вакууме) изменяет некоторые его (вакуума) свойства, как например диэлектрическую и магнитную проницаемость. Это влияет на скорость света в вакууме. То есть, свет распространяется в среде с другой скоростью, поскольку, благодаря присутствию воды, среда имеет другие свойства. При такой точке зрения, следует говорить о скорости света в вакууме в присутствии воды.

Вакуум и пространство рассматриваются почти как равноценные термины и почти синонимы.

Последнее позволяет объяснить возможность расширения вселенной на ранней стадии со скоростью выше скорости света в современном вакууме. В присутствии высокотемпературной плазмы при огромном давлении свойства вакуума (диэлектрическая и магнитная проницаемости) могут быть другими. Например, скорость света, в этих условиях, может быть в десятки миллионов раз больше скорости света в ныне существующих условиях. Это может вызвать огромная плотность вещества и огромное давление. Движение со скоростью равной 1000 скоростей света в современных условиях, но в 10000 раз ниже предельной скорости, в тех конкретных условиях, будет допустимо. Напомню, что речь идет о пространстве, в котором мгновение назад произошел Большой Взрыв.

Можно представить следующий вариант движения тела (ракеты) со скоростью, превышающей скорость света. Допустим, что получена возможность и сконструирован прибор, который изменяет свойства вакуума вокруг ракеты и перед ракетой. Например, вакуум наделяется свойствами близкими к его свойствам в пространстве близком к центру Большого Взрыва. В результате ракета в этом пространстве может двигаться быстрее скорости света в обычном вакууме. Такая возможность потребует пересмотреть некоторые явления, например, соотношение причинности. Именно соотношение, а не сам закон предшествования причины следствию, порожденному этой причиной. Можно и компьютер поместить в подобные условия.

Физики Гаянэ разработали такую возможность, но пока их вариант может быть опасным для существования вычислительных систем Октагона.

ТЕОРИЯ АБСОЛЮТНОГО ПРОСТРАНСТВА

Ниже я хочу рассказать об одной научной теории. Ее автором является Ms. Multirock – президент Академии Наук Октагона. Теория называется «Теория Абсолютного Пространства»

(Absolute Space Theory). Ее созданием руководил Mr. Коган. До того как его выдвинули на пост Президента Октагона, он возглавлял Академию. Результаты теории базируются на наблюдениях во Вселенной и на экспериментах с тремя взаимно перпендикулярными линиями космических аппаратов. Последующий умозрительный эксперимент проведен на одномерной модели. Одномерный эксперимент предшествовал трехмерному. Проведение описанных экспериментов требовало огромной технологической работы и длительного времени порядка миллионов лет.

Рассмотрим следующий умозрительный эксперимент. Представим линию, содержащую сотни космических станций на расстоянии половины световой секунды. Имеется несколько параллельных линий A, B, C, D, и т. д. слева направо. В каждой станции заложена программа действий. Каждая станция знает свою историю и видит станции своей линии и линий справа, но передает информацию во все стороны. Например, станции в C видят только C, D, E, и т. д., но ничего не знают о станциях из A и B, но A видит все станции и фиксирует информацию от A, B, C, и так далее.

В Октагоне была построена система координат неподвижная относительно «неподвижных звезд». Точнее было бы сказать неподвижная относительно кластеров неподвижных вселенных. Движение всех элементов Октагона фиксировались относительно этой системы. Все результаты экспериментов преобразовывались в координаты этой системы.

Первый Этап Эксперимента.

В некоторый момент все станции кроме A начинают движение вдоль линии A в одном и том же направлении со скоростью .5 c. Затем C, D, и E продолжают движение вдоль A, а F, G, и H начинают движение в противоположном направлении, все скорости равны .5 c относительно B. Далее это повторяется с D и E относительно C и с G и H относительно F. В дополнение, все станции посылают импульсы света в направлении A и в обоих направлениях вдоль своей линии. В импульсах закодированы ID станции, время, энергия, затраченная на ускорение, и другие данные. Станции запоминают полученную информацию. Станции в A накапливают и анализируют собранную информацию. Окончательный анализ производится в Октагоне.

Второй Этап Эксперимента.

Включается система станций, которые движется перпендикулярно линиям движения станций упомянутых в первом шаге. При прохождении вторых станций вблизи первых со всех станций испускаются лучи света вдоль линий движения первых станций. Наблюдаются и анализируются траектории движения лучей, которые должны быть параллельными. Фактически они двигаются под некоторым углом. Лучи испускаемые со вторых станций отклоняются от лучей испускаемых с первых станций в сторону движения вторых станций.

Описание этой части эксперимента очень сложно и объемисто. Там, в частности утверждается, что подобный эксперимент может быть проведен в земных условиях без использования космических станций. Приведена схема эксперимента и эскизы прибора. Его проведение потребует значительно меньших затрат, чем многие эксперименты, проводимые на Земле.

Описанные эксперименты проводились в течении нескольких миллионов лет. Эти эксперименты будут повторены с целью уточнения и проверки. Это будет произведено, когда станция выйдет из пространства нашей вселенной и удалится от нее на достаточное расстояние в пространство между вселенными. На это перемещение в пространстве Октагону потребуется примерно 10 миллиардов лет. Анализ экспериментов привел к созданию Теории

Абсолютного Пространства. Ниже приведены основные выводы этой теории.

ОСНОВНЫЕ РЕЗУЛЬТАТЫ ТЕОРИИ

Признавая основные утверждения Теории Относительности, утверждается, что Вселенная имеет следующие абсолютные свойства:

1. Максимальную абсолютную скорость, равную скорости света в вакууме.

2. Максимальная скорость зависит от свойств вакуума, которые можно изменять. В зависимости от свойств вакуума в конкретном участке пространства она может быть больше или меньше.

3. Минимальная скорость равна нулю.

4. Масса тела не может превысить некоторую максимальную величину. Любое дальнейшее увеличение энергии тела ведет к переходу массы в электромагнитную энергию.

5. Масса тела не может быть меньше некоторой минимальной величины для этого тела.

6. Максимальная температура, превышение которой превращает массу в электромагнитную энергию.

7. *Минимальная температура или абсолютный ноль.*

8. *Абсолютное время – время в системе с нулевой скоростью и минимальной температурой.*

9. *Существует устойчивый ряд микроскопических черных дыр. Элементарные частицы являются их примером.*

10. *Вселенная существует вечно в бесконечном трехмерном евклидовом пространстве.*

Перечисленное влияет на некоторые результаты, принятые в физике. Например, невозможность сингулярности в черных дырах. Теория Абсолютного Пространства позволяет фиксировать систему координат в пространстве не привязанную к небесным телам. В этой системе можно определить абсолютные траектории небесных тел.

ГРАНИЦЫ ВОЗМОЖНОГО

Меня заинтересовал вопрос, насколько биологическая цивилизация Гаянэ продвинулась, например, в вопросах телепатии или телекинеза. Он ответил, что на Гаянэ, как и в Октагоне признаны законы сохранения. Этот вопрос он разделил на два отдельных.

Во-первых, выполнение различных технологических операций без непосредственного участия «рабочих рук». Как примеры он привел известные у нас технологии как управление боевыми действиями беспилотных летательных аппаратов, или аварийные работы по закупориванию скважины на дне Мексиканского залива.

Во-вторых, контакт человека с технологическими процессами. На Земле это производится оператором у компьютера. На Гаянэ для выполнения подобных операций был разработан специальный шлем, который улавливал мыслительные процессы, усиливал их, и передавал в управляющую вычислительную систему (в компьютер).

При этом соблюдались законы сохранения, и каждая ступень системы имела свои источники энергии. Если танкист управляет при помощи шлема танком, то танк не движется за счет энергии мозга. Танк имеет свой двигатель. То есть, телекинез во всех таких процессах отсутствует. Мозг человека не обладает энергией для, например сгибания ложки и даже для передвижения ее. Законы сохранения всегда соблюдаются.

Телепатия требует наличия многих миллиардов каналов связи, что невозможно. Известно, что возможности связи с помощью, например, электромагнитных волн требуют некоторой полосы частот для каждого канала. Эти частоты распределяются специальной международной организацией. На Гаянэ был разработан аналог управляющего шлема для индивидуального пользования. Это был аналог привычного беспроволочного телефона.

Он добавил, что признание законов сохранения является настолько сильным ограничением, что серьезный образованный человек не может обсуждать реальность подобных проблем. Одновременно, непризнание законов сохранения делает возможным все что угодно. Наука теряет смысл и остается надеяться только на молитву. Однако появилось «всемогущество» технологии, которое в повседневной жизни не сильно отличается от божественного всемогущества. Это может стать следующей ступенью «Большого брата».

Я поднял вопрос о виртуальной реальности и путешествии во времени. Ведь очень серьезные научные центры Земли (например, МИТ или недавняя публикация http://www.kurzweilai.net/reality-is-a-computer-projection-physicists#!prettyPhoto) считают это возможным.

Он сказал, что знаком с подобными теориями. Если Вселенная это квантовый компьютер, то очевидно, что для виртуальной реальности, которую моделирует компьютер, не существует однозначного соответствия с объективными законами природы. Следует признать, что КТО-ТО вложил в компьютер программу с сегодняшними законами. Неизвестно как часто программа будет меняться и что взбредет в голову ее создателю. Очевидно, что программа может имитировать любые законы Природы и любую реальность. Например, у половины людей по понедельникам появляется огромный нос на затылке. В компьютерных играх можно встретить и более удивительные вещи.

Он сказал, что подробное мнение по этим вопросам можно найти в переданной мне информации.

ФИЗИКА, РЕЛИГИЯ И ЗДРАВЫЙ СМЫСЛ

Настоящее эссе выражает в основном мою точку зрения. Оно не имеет цель защиты религии или науки. Автор надеется, что оно не задевает чьих либо чувств по отношению к религии (за или против).

Видимо время споров о религиозных догмах кануло в прошлое. Доказано, что Земля не стоит на трех слонах и не является центром Вселенной. И абсолютно забыто, что эти догмы были созданы древними физиками. Точнее, специалистами в области, из которой появилась наука и физика в частности. Их последователи – современные физики, полностью опровергли в некоторых вопросах учение своих предшественников. В пылу диспутов были отброшены все идеи, даже те которые не обсуждались и не опровергались.

Не учитывалось и то, что физика и религия преследуют разные цели. Религия апеллирует к внутреннему миру человека (душе), включая и тех, кто очень далек от физики. Чтобы жить в мире и спокойствии требуется стабильность мировоззрения. Конфуций провозгласил:

If there be righteousness in the heart, there will be beauty in the character.
If there be beauty in the character, there will be harmony in the home.
If there be harmony in the home, there will be order in the nation.
If there be order in the nation, there will be peace in the world.

GAYANE-OCTAGON

Думает ли физика о подобных целях?

Физики (не физика) апеллируют к узкому кругу специалистов далеких от большинства людей. Эти специалисты далеки и от инженеров, которым они читают лекции по физике. Их физика часто отличается в своих основах от ясной картины, нарисованной в их лекциях. Это тоже догматизм. В дополнение наука, как и крокодил, движется вперед, не смотря по сторонам.

Но история науки не столь гладка. Лакатос замечает по поводу Геометрии Евклида, Механике и Теории Гравитации Ньютона:

"The analogy between political and scientific theories is then more far-reaching than is commonly realized: political ideologies which first may be debated (and perhaps accepted only under pressure) may turn into unquestioned background knowledge even in a single generation: the critics are forgotten (and perhaps executed) until a revolution vindicates their objections." (I. Lakatos "Proofs and reputations" Cambridge, NY 1976, page 49).

Не всегда современные ученые знают о казнях их коллег (сегодня это делается по фальшивым обвинениям), но все они знают об авторитарном поведении научных руководителей. Если кто-то хочет чистоты, то нужно начинать с себя.

Где больше мифов в физике или в религии? Посмотрим на оригинал:

КНИГА БЫТИЯ, ГЛАВА 1

[1]В начале Бог сотворил небо и землю.

[2]Земля же была хаотична и пуста, и тьма над бездною; и Дух Божий носился над водою.

[3]И сказал Бог: да будет свет. И стал свет.

[4]И увидел Бог свет, что он хорош, и отделил Бог свет от тьмы.

Я хочу подчеркнуть, что согласно религиозным книгам до момента создания (действительности) были пространство, время, материя и Создатель. Не сказано, что было в бездне, но там была вода, и Бог отделил свет от тьмы. Когда я впервые это прочел, (эти книги не продавались в Советском Союзе) меня удивило, почему написано «*отделил свет от тьмы*». Это наводило на мысль, что речь идет о «тепловой смерти» и необходимо было отделить *Тепло - свет* от *Холода – тьмы*. Проще написать СОЗДАЛ как об остальном, но написано ОТДЕЛИЛ.

Ничего не предшествовало моменту творения в физике. Все возникло «Нигде»,

«Никогда» и из «Ничего». В безразмерной геометрической точке произошел взрыв – если не было времени и пространства, тогда что инициировало взрыв? Кто или что создало Вселенную из ничего? Но в природе ничего не возникает из ничего и не может бесследно исчезнуть. Действуют фундаментальные законы сохранения. Физика твердо настаивает и на этом.

Кажется религия намного ближе к здравому смыслу.

Интересно как современный физик решит объяснить мироздание кому-либо в 12-м году (не 2012-м)? Какую гипотезу он выберет?

- Никто из ничего,

Или;

- Кто-то очень могучий создал все, находясь внутри уже существующей природы.

Я убежден, что и сегодня, как в 12-м году нашей эры, вторая (религиозная) гипотеза имеет значительное преимущество.

11. ПОСЛЕДНЯЯ РЕПЛИКА

Окончил писать, но неожиданно появился инопланетянин. Ведь его не было больше 10 лет. Мне кажется, что это был обыкновенный сон. Однако я решил изложить основное содержание нашей беседы.

Первое я задал вопрос об Украине, но ответа не получил. Он сказал, что если бы земляне провели процесс над коммунизмом, никаких проблем бы сегодня не было. На процессе обнаружились бы такие ужасы, что все преступления фашистов померкли бы. Никто никогда бы после этого не обзывал кого-то фашистом. Было бы гораздо более оскорбительное слово – коммунист.

Далее он добавил, что, если лидер России или Китая не сойдет с ума, то войны не будет и земная цивилизация сохранится. Мне показалось, что канцлер Германии Меркель именно это имела ввиду.

Атомная бомба не была опасной для диктаторов стран агрессоров и они могли начать войну. Однако Эдвард Теллер предложил и создал водородную бомбу, которая сделала войну бессмысленной и для диктаторов, если они в своем уме. Своим поведением Теллер взбесил «миротворцев» и они создали Шнобелевскую премию, думая этим оскорбить Теллера. Но премия прижилась и этим увековечила великую идею и ее внедрение.

Был разговор о том, что попытки использования некоторыми странами торговли, как оружия должны наказываться налогами и увеличением пошлин. Я заметил, что тогда у России, например, внешняя торговля вообще бы отсутствовала. Он сказал, что тогда было бы гораздо спокойнее в мире.

Но как это проверить? Он напомнил, что на Гаянэ абсолютный детектор лжи снимал эту проблему. «Миротворцы» и сторонники полит корректности Земли боятся его появления и тормозят его создание и использование.

www.ingramcontent.com/pod-product-compliance
Lightning Source LLC
Chambersburg PA
CBHW051640170526
45167CB00001B/271